U0222072

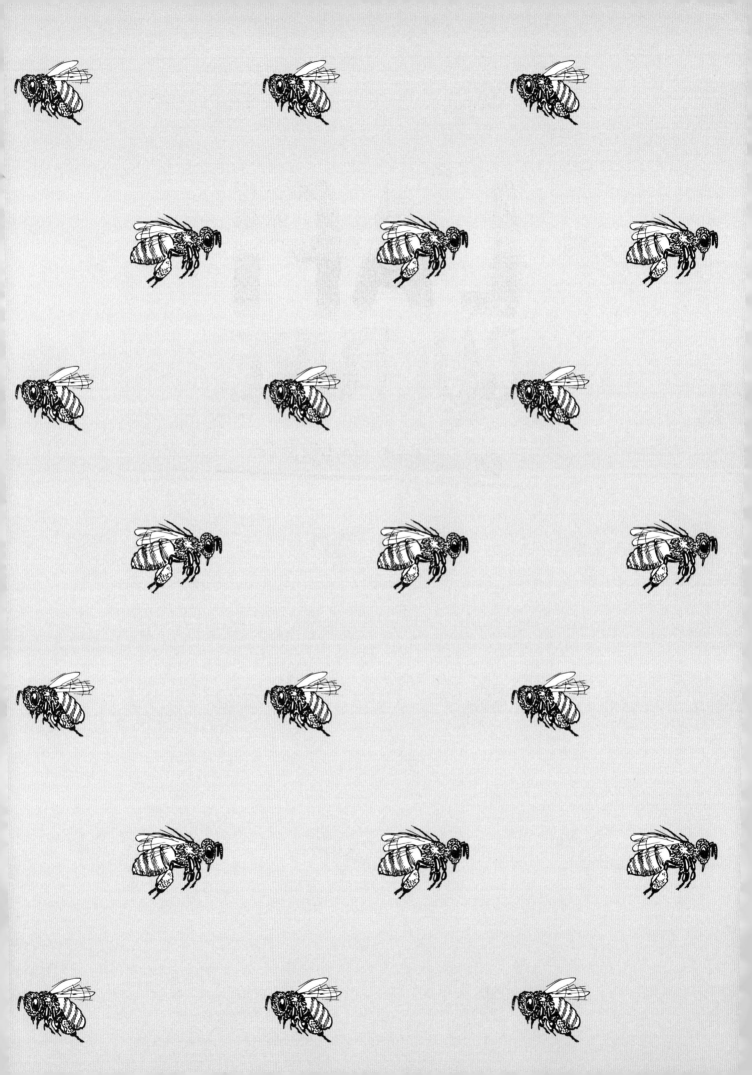

L'API CULTURE

en bande dessinée

后浪出版公司

L'apiculture
*en **bande dessinée***

养蜂的秘密

[法] 伊夫·居斯坦 编绘

竹珺 译 后浪漫 校

浙江教育出版社·杭州

前　言

　　经过多年的深入研究，笔者终于完成了本书的文字和插画创作，在完成之时，这种养蜂方法仍旧流行，因为这是最简单的方法。

　　自蒙昧时代起，蜜蜂饲养一直采用相同的方法，只有养蜂工具在变化。

　　您在本书中所阅读到的所有内容均已经过前人多年的检验。在学习了前人的养蜂经验并且阅读了大量关于蜜蜂饲养刊物的基础上，我想要介绍一种最接近天然且尽可能最简单的养蜂方法。现在就需要您来认真学习具体步骤，并将其应用在您热爱的养蜂实践探索中。

　　本书包含所有养蜂的相关知识：您可以据此制造自己的蜂箱，规划您的养蜂场。而这一切都要从寻找一片隐蔽一点且阳光充足的场地开始，当然，在那附近一定要有丰富多样的蜜源植物。

　　加油，祝大丰收！

伊夫·古斯汀

目　录

蜜蜂生物学

蜜蜂有什么作用　　8
工蜂的一生　　10
工蜂的身体结构　　14
雄蜂的一生　　18
雄蜂的身体结构　　20
蜂后的一生　　22
蜂后的身体结构　　26
蜜蜂的螫针和毒液　　28
蜜蜂的语言　　32
颜　色　　36
气　味　　39
热　量　　40

蜂具设备

蜂　箱　　42
制作蜂箱　　46
蜂箱里的活动　　50
安装巢框　　52
上镀锡的铁丝　　54
上巢础　　56
喂水器　　60

蜜源植物

12 种蜜源草本植物　　74
12 种蜜源木本植物　　75
养蜂场周边的 22 种木本植物　　76
嫁　接　　78

饲养管理

打理养蜂场　　62
蜂箱的安置　　66
流动养蜂　　68
叠加继箱　　80
采收蜂蜜　　82
盗　蜜　　86
继箱的储存　　88
取蜜车间　　92
蜜盖槽　　98
秋季作业　　100

制作冰糖　　102
太晚的喂食　　106
准备过冬　　108
冬季查看蜂场　　110
干净的底板　　114
冬季的多项作业　　118
春季查看蜂场　　120
制作糖浆　　122
分蜂期　　124
收捕分蜂　　128
繁殖蜂群　　132
人工分蜂　　136
转移蜜蜂　　140
培育蜂后　　144
引入蜂后　　150
合并蜂群　　154
工蜂产卵群　　156

蜂产品及其加工

蜂　蜜　　160
如何销售蜂蜜　　166
蜂蜜水、蜂蜜饮料　　170
花　粉　　174
蜂王浆　　180
蜂　蜡　　184
日光晒蜡器　　188
蜂　胶　　190

蜜蜂病虫害

蜜蜂的天敌们　　72
蜜蜂中毒如何处理　　194
蜜蜂常见疾病　　198
寄生虫　　202
蜡螟　　208

附录

专业术语表　　210
相关人物　　216

蜜蜂有什么作用

如果没有蜜蜂和其他授粉昆虫，我们将看到这样的荒芜景象：只有沙漠和一些生命力最顽强的植物。在沙漠中，植物无法找到生存必需的腐殖土。确实，授粉昆虫为植物传播花粉，以便它们开花、结果、生出枝叶，而这些物质最终会落到地面，在泥土里腐烂，就这样化作了腐殖土。

这种混合的有机物一年又一年提供了天然、优质的腐殖土，细菌、真菌和蚯蚓在里面共同营造了利于植物生长的环境。

可以说大地就好像一个巨大的消化道（与我们的消化道相似），这里的所有生物都是植物的烹饪大师。他们为每一株植物精心烹调出一道道小菜，并将空气中的氮作为甜点呈上。

蜜蜂传粉使自然焕发蓬勃生机，也增添了四季更替之趣。

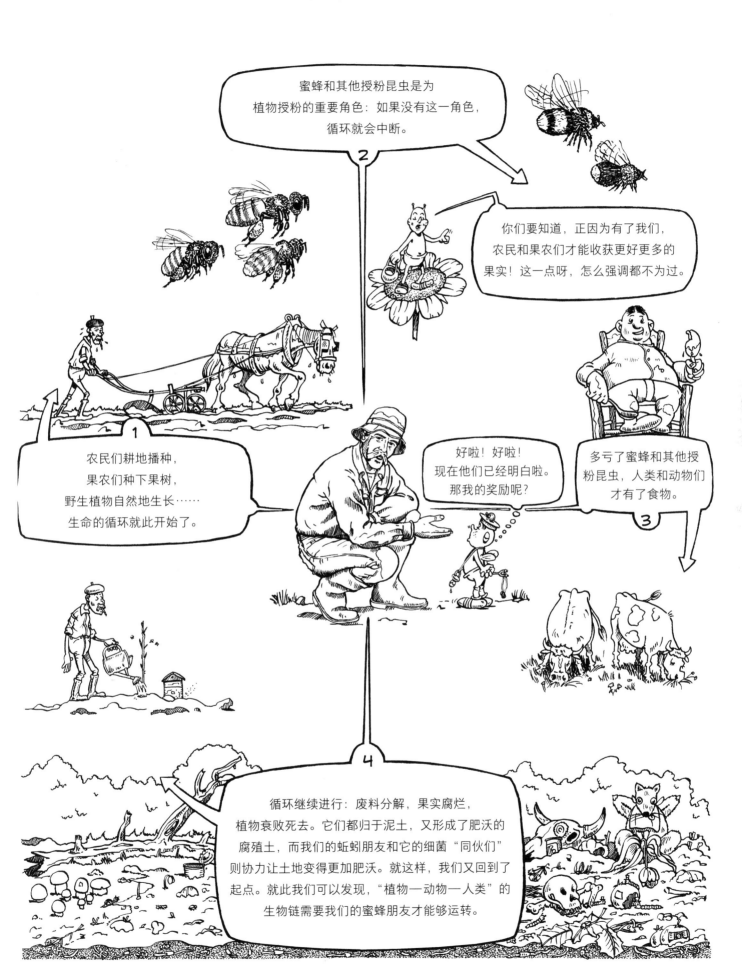

工蜂的一生

要谈谈工蜂的一生，那么请工蜂自己来谈是再好不过的了，现在我们来把时间交给它。

你好！

我的拉丁名是 *Apis Mellifica*。我属于蜜蜂科，同时也属于昆虫纲膜翅目。我无法独立生存，必须过群居生活（无论野生蜜蜂还是家养蜜蜂）。我的蜂群里有大约 5 万个伙伴，我们家族分散在地球各处，因此我们生活在不同的气候条件下，身体也发生了变化。根据这些变化我们被分成了不同的品种。在法国，最普遍的品种是西方蜜蜂（*Apis Mellifera*），也叫作"黑蜂"或"欧洲黑蜂"；它生命力顽强，十分适应法国温和的气候。

一只幼年黑蜂

蜂农们近来越来越喜欢我的外国朋友们了。为了保证信息真实可靠，让他们来做一下自我介绍。

停！我要来做下翻译，这样读者们读起来更方便些。

GUTEN TAG!
MEIN NAME IST : APIS
MELLIFERA CARNICA.*

* 德语：你好，我的名字叫卡尼鄂拉蜂

引入新的蜜蜂品种可能对养蜂场是很有益的。然而，经过一段时间以后，品种杂交会使得蜜蜂的一些行为发生变化。

1

卡尼鄂拉蜂（*Apis Mellifera Carnica*），又称"喀尼阿兰蜜蜂"，遍布欧洲东部，身体呈银灰色，十分温顺。它的口器很长，分蜂性较强

2

意大利蜂（*Apis Mellifera Ligustica*）。它的身体呈金黄色，性格比较温和，在提脾翻转检查时能保持安静。这种蜜蜂十分勤劳，主要分布在法国南部

3

高加索蜂（*Apis Mellifera Caucasica*），原产自俄罗斯。它非常温和，是十分优秀的外勤蜂，其采蜂胶的能力很强

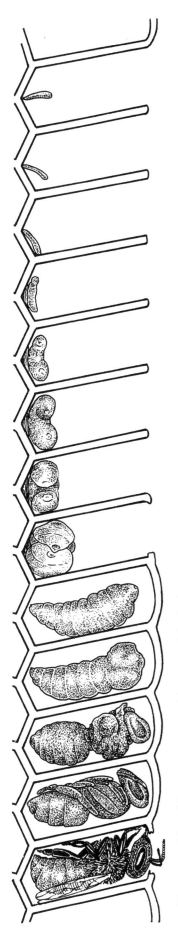

第 1 天：蜂卵呈白色，半透明，长 1.5 毫米，细的一端贴在巢房底

第 2 天：蜂卵开始倾斜

第 3 天：蜂卵侧伏于巢房底部。头三天胚胎在蜂卵内发育

第 4 天：幼虫破壳而出，保育蜂会滴上一滴蜂王浆，幼虫浸润其中并以此为食

第 5 天：幼虫继续被喂食蜂王浆，迅速长大并开始呈弯曲状

第 6 天：幼虫长大，填满巢房底部，身体两端相接

第 7 天：保育蜂停止供给幼虫蜂王浆，改为供给由蜂蜜、花粉和水混合而成的蜂粮

第 8 天：幼虫继续食用蜂粮；这里我们注意到，在封盖以前，蜂粮中花粉的比重是逐渐增加的

第 9 天：筑巢蜂用蜂蜡、花粉和蜂巢碎屑的混合物为巢房封盖；这层"盖子"可以透气。幼虫在巢房中调整体位，使其头部朝向蜂房口；随后它将自己包裹在一层由唾液腺分泌的丝构成的茧中

第 10 至第 11 天：幼虫化蛹

第 12 至第 14 天：休息期

第 15 天：蜂蛹发育完全

第 16 至第 20 天：从蜂蛹羽化为成蜂

春天来了，蜂后开始工作了，每个蜂房里都有一个蜂卵。我们以一个受精卵为例，来看看它的发育过程。

完全变态发育过程

卵

幼虫

幼虫发育阶段

蛹

成蜂

从受精卵到工蜂的蜕变

工蜂的一生

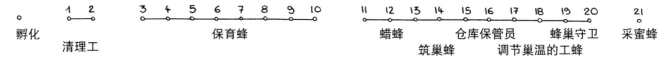

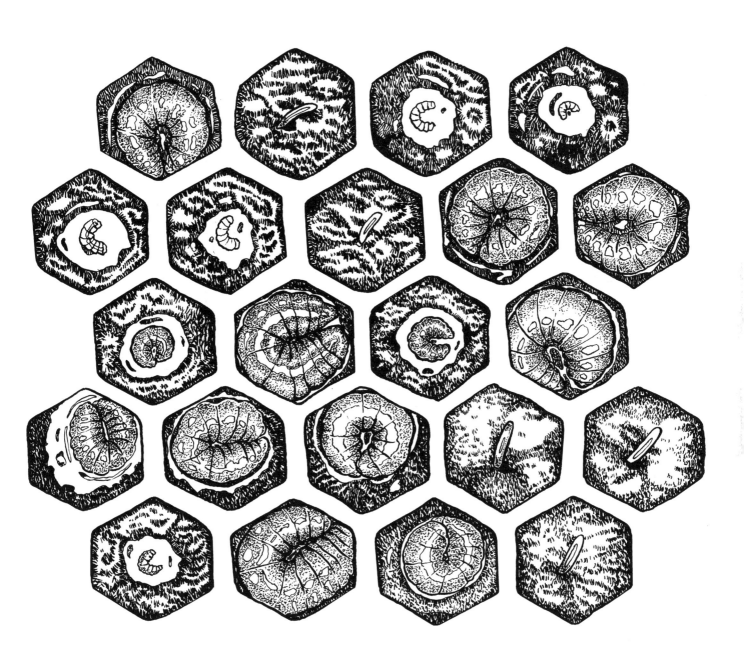

工蜂的身体结构

A. 头　　1. 单眼　　6. 前翅

B. 胸　　2. 复眼　　7. 后翅

C. 腹　　3. 触角　　8. 足

　　　　4. 下颚　　9. 节

　　　　5. 蜂舌　　10. 螯针

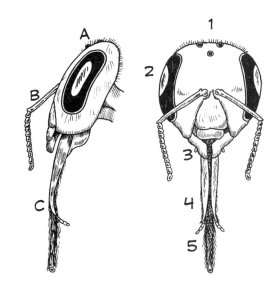

头部包含眼睛、触角和口器。
我们来仔细观察一下每个部分。

A. 眼睛： 蜜蜂有两种眼睛。

    1. 单眼：位于头部中间的三只，呈三角排列。利用单眼能在黑暗中，尤其是在蜂巢内部辨别近处的物体。

    2. 复眼：两只大大的复眼由成千上万只小眼组成，用于看远处的事物，蜜蜂在外出时会用到（复眼对紫外线十分敏感）。

B. 触角： 蜜蜂有两只触角。这是蜜蜂在蜂巢内部用于相互沟通的感觉器官。

C. 口器： 由三部分组成。

    3. 两个上颚用于搬运和咀嚼蜡、花粉和蜂胶。

    4. 两个下颚即小颚。

    5. 蜂舌方便蜜蜂吸食花蜜，根据蜜蜂品种的不同，长度为 5 至 7 毫米不等。

胸部由三节组成，每节有一对足，
两对翅膀位于后两节。每一对足都有其特殊功能。
两只前足（6）用于清洁触角。中足（7）各有一个小刺钩，
用于将花粉球推入粉筐。两只后足（8）将花粉储存于
粉筐（G），并收集腹部的蜡片。

腹部由六节组成，上面紧密排列着：
9. 蜡腺，10. 臭腺，11. 螯针和毒腺。

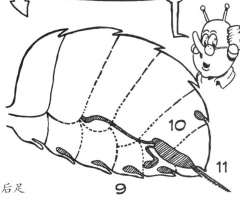

前足

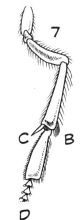

A. 用于清洁触角、蜂舌和眼睛的毛刷（净角器）

中足

B. 毛刷
C. 胫距
D. 位于刚毛下的吸盘（中垫），使蜜蜂在光滑的平面上也能够紧紧附着

后足

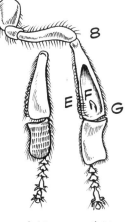

E. 长刚毛
F. 固着花粉团的刚毛
G. 花粉筐

内侧　　外侧

我们已经看过工蜂身体的外部结构了，让我们再来仔细观察一下工蜂身体的内部构造，深入到它的"核心"。

循环系统

蜜蜂的血液是无色的，因为其中不含红细胞。心脏（A）施压，将血液经由主动脉（B）输向头部；血液从头部重新出发，被运往全身，再返回腹部，心脏再次收缩，输出血液。

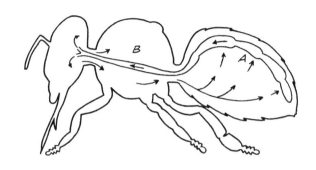

消化系统

消化器官遍布蜜蜂全身。

共包含七个部分：

A. 咽（喉咙）

B. 唾液腺

C. 食道

D. 嗉囊

E. 腺胃（或前胃）

F. 中肠

G. 大肠（直肠）

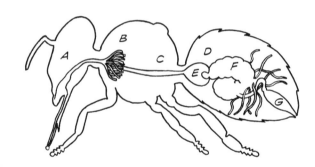

呼吸系统

蜜蜂呼吸通过的部位不是口部，而是气门。空气通过气门进入气囊。

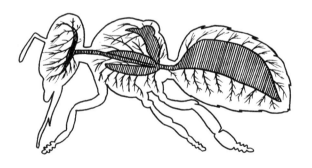

腺体

A. 蜡腺，位于腹部后四节

B. 唾液腺

C. 营养腺

D. 臭腺

E. 毒腺

神经系统

大脑和神经组织支配着蜜蜂的行为。

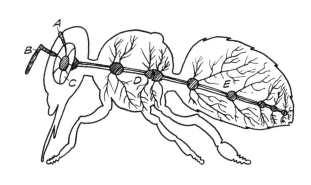

A. 单眼

B. 触角

C. 大脑

D. 胸部神经

E. 腹部神经

肌肉系统

蜜蜂的肌肉系统非常发达，尤其是翅膀的肌肉。

A. 位于背部的翅脉

通过蜜蜂胸部的横切面可以看到翅膀的肌肉：

B. 纵向肌

C. 垂直肌

雄蜂的一生

我来自我介绍一下：我是一箱蜜蜂中的雄性，假管风琴（*faux bourdon*）或雄蜂（*abeillaud*）是我最有名的名字。我之所以被称为假管风琴，是因为我翅膀振动的声音与管风琴声十分相似。可别以为我们的族群只有一个雄性：我们有将近2000个呢！

春天蜂巢中蜜蜂的数量增加，因为其中多了雄蜂。

朋友们，你们好哇！

我需要向大家说明一下，雄蜂和雄蜂之间可是有区别的。那我就不谦虚了，先从我自己的情况讲起。我成为雄性是由蜂后亲自选择的结果。确实，在怀我的时候，蜂后并没有用上她精囊中的精子。不然的话，我就会成为一只工蜂了！

我们来看看第二种情况。在蜂后老了以后，由于储存的精子耗尽，她诞下大量的雄蜂（A），变成了只产未受精的卵的蜂后。

再看一下最后一种情况：蜂巢失王。此时，一些工蜂开始产卵。可惜它们并没有受精，只能孵出一些雄蜂（B），这一部分雄蜂则缺少繁殖所需的精液。（我忘记说了，蜂后所产的未受精卵会发育成为雄蜂。）

什么！

对于雄蜂的评价不太令人愉悦，因为总会有这样的说法：雄蜂都游手好闲，他们吃得太多了，总是用大大的足干扰工蜂，等等。然而，人们应该看清眼前的事实：如果没有我们为蜂后受精，蜂巢会变成什么样子？还有啊，在其他蜜蜂们都忙着采蜜的时候，谁来给蜂儿保温？是我们呀，雄蜂们！

休息期的时候，工蜂就急匆匆地把我们赶出蜂巢，以示"感谢"。由于没有螫针，我们甚至不能保护自己。所以，我希望下次您见到我们的时候能够更加宽容一些。

天气晴朗的日子里，蜂后会尽可能多地产卵，让蜂卵布满蜂巢。蜂后产的受精卵将发育成为工蜂，未受精的卵则发育成雄蜂，就像我一样！那么我们一起来看一下这个未受精的卵的发育过程。

在生命的第 1 天至第 12 天，雄蜂没有什么重要活动。

第 1 天：蜂卵贴在巢房底部

第 2 天：蜂卵开始倾斜

第 3 天：蜂卵侧伏于巢房底部

第 4 天：幼虫破卵而出，以蜂王浆为食

第 5 至第 6 天：幼虫继续发育、长大

从第 13 天起，如果成功加入征服军团（2000 只雄蜂中通常有 4 到 5 只），雄蜂将开始为蜂后受精，当雄蜂在空中完成了自己的使命后，它的命运就注定了。它将生殖器官留在蜂后体内，随即便会死亡。

死亡！他想说什么啊？

第 7 天：幼虫被喂食由蜂蜜、花粉和水混合的蜂粮

第 8 天：幼虫身体充满整个巢房

第 9 天：虫体伸直

封盖

第 10 天至第 23 天：幼虫化蛹。经过休息期之后，蜂蛹继续发育，最终变为成蜂

而那些没能完成任务的"同事们"则回到蜂巢。

第 24 天：成蜂从巢房破出，随即由工蜂喂养

雄蜂的寿命大约为 3 个月，具体时长会根据季节和花粉的摄入量而变化。

雄蜂的身体结构

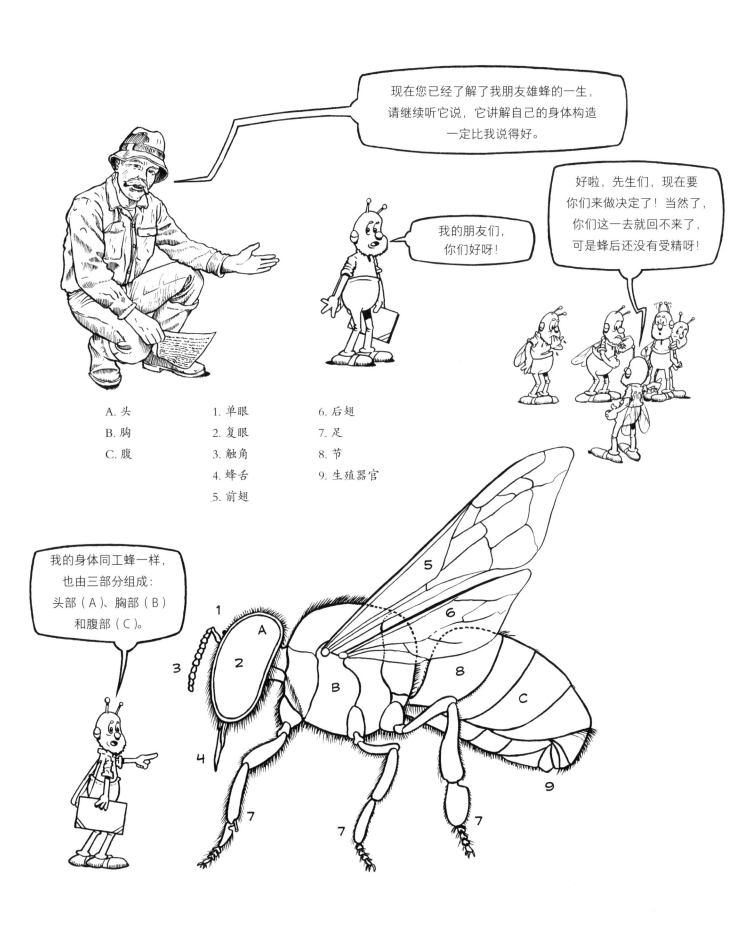

现在您已经了解了我朋友雄蜂的一生，请继续听它说，它讲解自己的身体构造一定比我说得好。

我的朋友们，你们好呀！

好啦，先生们，现在要你们来做决定了！当然了，你们这一去就回不来了，可是蜂后还没有受精呀！

A. 头
B. 胸
C. 腹

1. 单眼
2. 复眼
3. 触角
4. 蜂舌
5. 前翅

6. 后翅
7. 足
8. 节
9. 生殖器官

我的身体同工蜂一样，也由三部分组成：头部（A）、胸部（B）和腹部（C）。

头部（A）：

1. 两只巨大的眼睛，分别位于头部两侧，由大量
   透镜状的小眼组成，数量比蜂后和工蜂的要多很多

> 有了它，我就能在婚飞
> （参见第 25 页）的时候紧紧
> 跟随蜂后啦。

2. 单眼。指位于头中部的三只小眼睛，用于看近处的物体
3. 用于沟通的触角
4. 退化的口器，因为雄蜂的蜂舌过短，导致它无法采蜜，甚至
   在蜂巢内都不能自己进食蜂蜜。因此，雄蜂依赖工蜂而生存

胸部（B）： 由两对翅膀（5和6）以及三对足（7）组成，这三
对足并没有采蜜的功能。

腹部（C）： 同蜂后和工蜂的一样，都由节（8）组成。雄蜂没有
螫针，不过作为补偿，它拥有生殖器官（9），有了这个，它就可以待
在蜂巢里了。别忘了，要是没有雄蜂，蜂后就无法受精，蜂群就要绝
嗣了。

> 这是雄蜂的生殖器官。不过……我自己还
> 从来没看过。这下要被大家看光光了！

> 喂，下次你还是自己
> 来上课吧！受够了！
> 把我的生殖器官暴露给
> 读者看……这种事儿！

1. 睾丸   3. 黏液腺   5. 穗状突
2. 贮精囊   4. 囊状角   6. 球状部

蜂后的一生

我们已经学习了工蜂和雄蜂的一生，下面再来零距离看看蜂后陛下（或母蜂）的一生。

其实，我本来应该成为一只工蜂的，但后来我被选为了新蜂后。如今我成为了蜂后，您可以通过体型（18至20毫米）辨认出我，我的身形要比工蜂的（14至15毫米）更大，我的足也比它们的要长一些。我既不能采蜜，也不能分泌蜂蜡，这些都不是我的工作。我的足上没有花粉筐，我的下颚和蜂舌都太短了。不过，大自然赋予我的主要任务就是：产卵。这就是为什么我的腹部和生殖器官都十分发达的原因。我的尾部长有螫针，仅用于破蛹时杀死我的对手（当同时有几个预备蜂后将诞生时）。

产生新蜂后有以下三种原因：原来的蜂后死亡、分蜂（自然分蜂或人为分蜂）、蜂农主动选择让蜂巢失王。

蜂后受精之后立即开始全力工作，每天要产下近2000个受精卵。为了保证它有足够的力气产卵，它的随从们会用蜂王浆"填饱"它的肚子。蜂后停止产卵，可能有多种原因：蜂巢变冷（过早加上了继箱）、蜂后受到惊吓、缺少花蜜，等等。

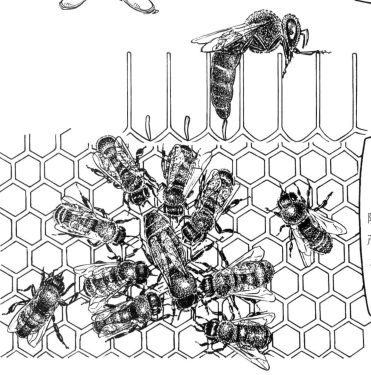

蜂后，或母蜂，并不是随便在哪个巢房里都可以产卵的，它首先会确认巢房足够干净，随后从整个蜂巢的中心位置开始产卵。渐渐地，这个中心圈越来越大，当一个巢框布满蜂卵时，它就换一个巢框，再以相同的方式产下蜂卵。

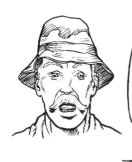

这是一个放在蜂巢中心、上面布满蜂卵的巢框，来观察一下……这时巢框里的是处于不同发育阶段的蜂儿，它们周围分布着蜂蜜和花粉，花粉是含蛋白质的必需食物。

蜂儿的分布

　　1号巢框用于储存蜂蜜，2号巢框同样用于储存蜂蜜和花粉，3号巢框里有蜂蜜、花粉和蜂儿，4号巢框里有很多蜂儿，同样也有蜂蜜和花粉，最中间的5号巢框里蜂儿的数量最多。

有时我的蜂农朋友会找不到我，好在他们已经找到了解决的办法，那就是给我化妆。有几种不同的化妆方法：在我的胸背部用一个有颜色的小点标记、贴上有序号的圆形贴纸，等等。这些方法也能方便他们知晓我的年龄。国际上选用五种颜色来标记蜂后。2016年产的蜂后用小白点标记，2017年用小黄点，2018年用小红点，2019年用绿色，2020年用蓝色。当一轮颜色循环结束时，就再从白色开始。

在我的一生中，可能会有多次受精。

说不定下一次这项光荣的任务就轮到我了……

被标记彩色圆点的蜂后

有些蜂农会剪断我的翅膀，这一操作被称为"剪翅"。目的是防止我在分蜂时飞逃。

沿着这条线给蜂后剪翅

我是蜂后随从中的一分子，要在它释放信息素时保护它，以保证蜂群的正常运转。蜂后经过巢房时会在蜜蜂中间留下这种信息素。如果这种物质减少或消失，我们就会搭筑起新的王台来介绍新的蜂后，以便让它取代功能衰退的旧蜂后或解决蜂群失王的问题。

1　2　3　4

> 蜂后该换了。
> 我们就从一个受精卵开始，
> 观察一下未来蜂后的成长之路。

第 1 天：和工蜂一样，此时受精卵贴于巢房底部

第 2 天：较细的一端紧贴巢房底，蜂卵开始倾斜，约呈 45 度

第 3 天：蜂卵侧伏于巢房底部

第 4 天：幼虫破卵而出，保育蜂迅速为其喂食蜂王浆，筑巢蜂开始搭筑王台

5　6　7　8　9

 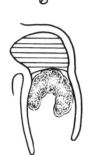 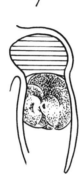  

第 5 天：幼虫在保育蜂的悉心照料下逐渐长大

第 6 天：幼虫填满巢房底部

第 7 天：此时保育蜂不再给工蜂幼虫喂食蜂王浆，而蜂后幼虫则可以一直独享蜂王浆

第 8 天：王台搭筑完成；幼虫填满整个巢房

第 9 天：封盖

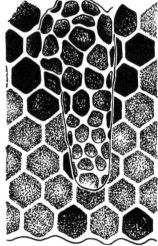

王台

10　11-12　13　14-15　16

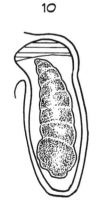 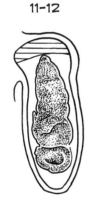   

第 10 天：幼虫被包裹在一层薄茧中

第 11 至第 12 天：休息期

第 13 天：化蛹

第 14 至第 15 天：从蜂蛹化为成蜂

第 16 天：蜂后从巢房破出

蜂后

第 16 至第 20 天：休息期

第 21 天：蜂后进行婚飞。它会选在一个阳光明媚的下午进行，一大批雄蜂跟随着蜂后飞行

号外！号外！最新消息，蜂后今天要婚飞啦，我们快抓紧吧！

在这个飞行派对中会有一只雄蜂成功为蜂后受精，而在完成这项使命之后，失去了生殖器官的雄蜂会掉落在地上，它的生殖器官留在了蜂后的腹部。当蜂后返回蜂巢时，这也成为了受精成功的标志。

受精完成后，蜂后会休息两三天，之后再产卵。

我的平均寿命是 4 到 5 年，不过我可以活得更久。

你发现了吗？今晚乘凉的时候乔治不在哎。

没啥好奇怪的，这个幸运儿被翻牌子了。

安慰我一下，告诉我不是所有蜂后都像她这样的吧？

蜂后的身体结构

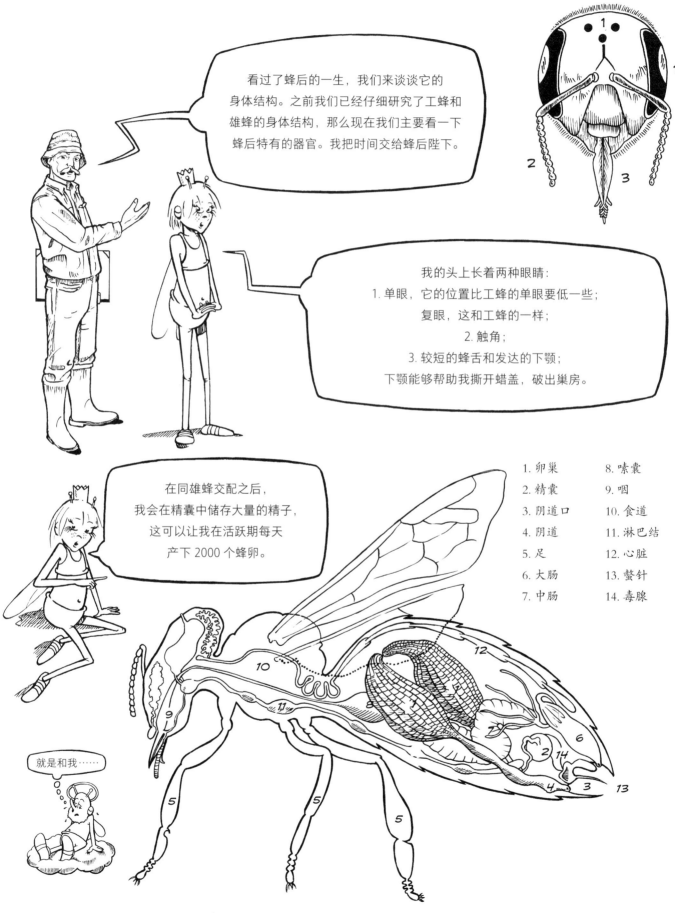

看过了蜂后的一生，我们来谈谈它的身体结构。之前我们已经仔细研究了工蜂和雄蜂的身体结构，那么现在我们主要看一下蜂后特有的器官。我把时间交给蜂后陛下。

我的头上长着两种眼睛：
1. 单眼，它的位置比工蜂的单眼要低一些；复眼，这和工蜂的一样；
2. 触角；
3. 较短的蜂舌和发达的下颚；下颚能够帮助我撕开蜡盖，破出巢房。

在同雄蜂交配之后，我会在精囊中储存大量的精子，这可以让我在活跃期每天产下 2000 个蜂卵。

1. 卵巢
2. 精囊
3. 阴道口
4. 阴道
5. 足
6. 大肠
7. 中肠
8. 嗉囊
9. 咽
10. 食道
11. 淋巴结
12. 心脏
13. 螫针
14. 毒腺

就是和我……

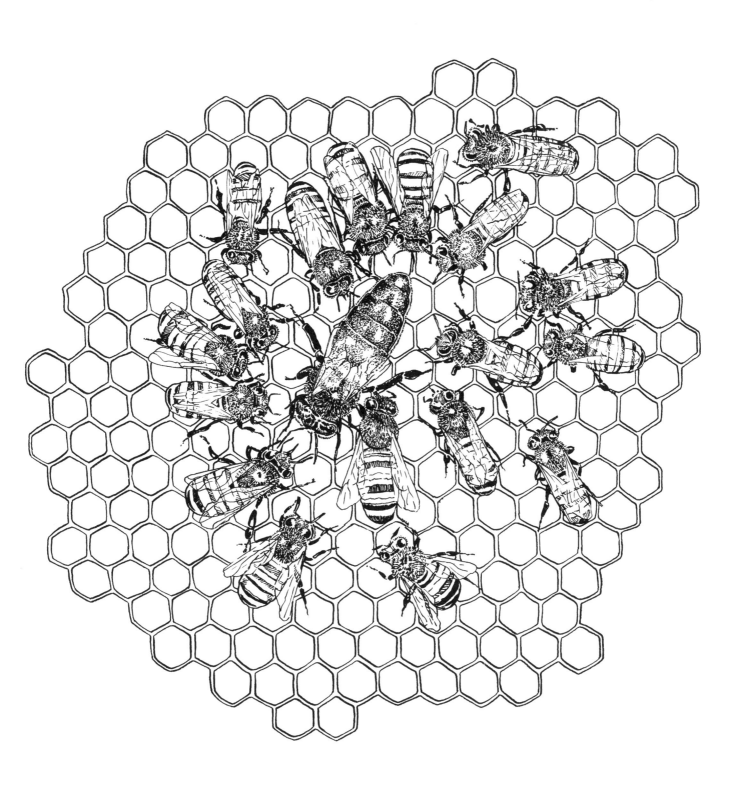

蜜蜂的螫针和毒液

您被螫了吗？正好（如果我可以这样说的话），因为我正要和您聊聊蜜蜂的毒液。大家都知道被蜜蜂螫一下是很疼的，但每个人在被螫之后的身体反应却不一样。有些人对蜂螫有免疫力，他们在被螫后只会感觉有些刺痒以及轻微的肿胀，而有些人对蜂螫过敏或有超敏反应，在蜂螫后会非常不舒服，这部分人群被螫后应当采取全面的救治措施。

嘿，朋友们！我成了"蜜蜂针灸师"了！

历史小知识： 17世纪时，荷兰自然科学家扬·斯瓦默丹（Jan Swammerdam）研究出了非常详细的蜜蜂螫针的构造。而当时可供研究昆虫的科技条件可不比现在。

有免疫力

过敏

超敏

如今出现了一些**蜜蜂毒液相关的产业**，比如有一种疗法叫作"蜂针疗法"。这种治疗方法看似是刚出现的，但其实并不是。早在查理大帝时期，我们的祖先——法兰克人就采用蜂螫手脚的方法来缓解风湿痛。

随着医学和药剂学的需求大大增加，原来各种各样手工提取毒液的方法变得更加现代化，如今人们使用电刺激法提取毒液（大约要1万只蜜蜂才能提取出1克毒液）。

拜托，看下这里。在观察我们会伤人的器官的示意图之前，先来了解一下毒液的成分及其被应用于哪些领域。

啊……另一只脚感觉还不错。

成 分

大量酸性物质
（甲酸、盐酸、磷酸）；
组织胺（被用于药理学的主要成分）；抗菌物质；
淀粉酶；挥发性物质。

相关领域

抗风湿药剂
抗凝血剂
强心剂
止神经痛药剂
血管扩张剂

蜜蜂毒液的售卖有严格规定，只能在医药系统内部进行。

现在你把我的手给蜇了，就让我来给读者们解释一下你这自卫器官的功能吧。

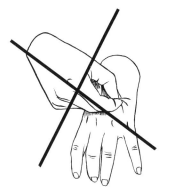

螯针轻轻**刺入**，第一个倒生刺扎入皮肤，之后螯针来回往复，完全扎入皮肤直至最后一个倒生刺（B）也没入。这最后一个倒生刺就像一个杠杆，能帮助蜜蜂脱身，但同时蜜蜂的这个自卫器官会被全部留下。如果您没有立即将螯针拔出，毒液将全部进入您的体内。

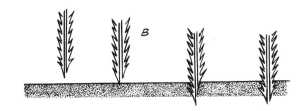

千万不要试图把毒针从皮肤里掐出来，因为这样会挤压到毒囊，使毒液进入皮肤。

用您的指甲或小刀从螯针底部将它挑出，这样能将螯针连带着毒囊一起拔出。

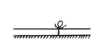

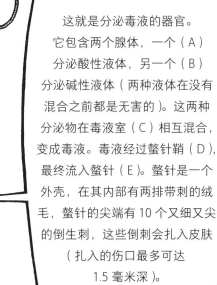

这就是分泌毒液的器官。它包含两个腺体，一个（A）分泌酸性液体，另一个（B）分泌碱性液体（两种液体在没有混合之前都是无害的）。这两种分泌物在毒液室（C）相互混合，变成毒液。毒液经过螯针鞘（D），最终流入螯针（E）。螯针是一个外壳，在其内部有两排带刺的绒毛，螯针的尖端有10个又细又尖的倒生刺，这些倒刺会扎入皮肤（扎入的伤口最多可达1.5毫米深）。

毒液被注入创口后就完成了它的旅行。

蜜蜂的螯针和毒液　**29**

大部分蜂农对蜂螫是有免疫力的，但那些没有免疫力的蜂农
就必须采取防护措施了。要知道身体的某些部位会更容易受到蜂螫，
尤其是脸部和颈部。因此我建议对蜜蜂螫伤过敏的人穿戴合适的服装（A），
甚至对于那些有免疫力的业余养蜂爱好者，我也建议你们
尽可能在手边备上一个面罩。

为了防止被大量蜜蜂螫伤，
建议您选一个阳光明媚的日子
查看蜂巢。大风天气和暴风雨
会让蜜蜂变得具有攻击性。

同时也有一些民间药方可供您选择：
将捣碎的欧芹叶、罗勒叶、黑接骨木、
荨麻叶，或者新鲜的韭葱汁等涂抹
在患处。还有一个很棒的办法是
用冰块敷在创口处。

如果**蜂螫**之后出现一些良性反应，可以涂
抹镇痛止痒的润肤霜和药膏。有超敏反应的人
应立即前往医院接受治疗。

请注意，不要把蜜蜂螫伤同马蜂或大胡蜂的螫伤混淆了，
因为医生会根据不同蜂种的螫伤采取不同的治疗方法。蜜蜂几乎
每次都会在螫人后将螫针留在创口上，而马蜂却从不会。

蜜蜂的语言

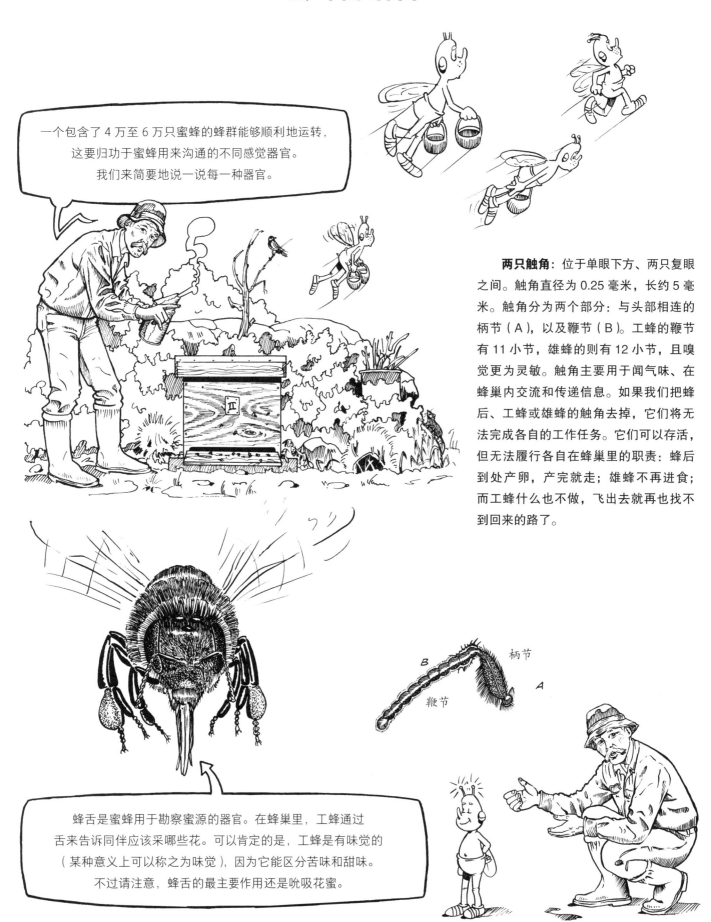

一个包含了 4 万至 6 万只蜜蜂的蜂群能够顺利地运转，这要归功于蜜蜂用来沟通的不同感觉器官。我们来简要地说一说每一种器官。

两只触角：位于单眼下方、两只复眼之间。触角直径为 0.25 毫米，长约 5 毫米。触角分为两个部分：与头部相连的柄节（A），以及鞭节（B）。工蜂的鞭节有 11 小节，雄蜂的则有 12 小节，且嗅觉更为灵敏。触角主要用于闻气味、在蜂巢内交流和传递信息。如果我们把蜂后、工蜂或雄蜂的触角去掉，它们将无法完成各自的工作任务。它们可以存活，但无法履行各自在蜂巢里的职责：蜂后到处产卵，产完就走；雄蜂不再进食；而工蜂什么也不做，飞出去就再也找不到回来的路了。

蜂舌是蜜蜂用于勘察蜜源的器官。在蜂巢里，工蜂通过舌来告诉同伴应该采哪些花。可以肯定的是，工蜂是有味觉的（某种意义上可以称之为味觉），因为它能区分苦味和甜味。不过请注意，蜂舌的最主要作用还是吮吸花蜜。

纳氏腺于1883年由科学家纳沙诺夫（Nasanov）发现。它释放出一种信息素，能够被工蜂的触角感知并标记蜂后的位置，这是属于整个蜂群的气味。

有时候我们在蜂巢里或空中飞行的时候也会通过简单的振翅进行交流，翅膀振动会发出或高或低的声音。

出乎您的意料，我们其实是有记忆力的。如果有人来干扰我们，我们会蜇他，而且几天后还能记得他，如果这个人有车，我们甚至能记住他的车！而如果我们在哪里发现了花蜜也会记住它，在此后几天里都会再去采蜜。

我很有时间观念。事实上，我很清楚什么时候该去采什么花的蜜。这也是为什么当各种花朵竞相开放的时候却不怎么能看到我们采蜜。我们只在植物分泌花蜜的时候去采蜜。

比起人类，我们能更早地预知危险的到来。您肯定已经发现了，当暴风雨要来临的时候，我们比人类先回家。类似的情况还有很多。

那么蜜蜂是如何通知同伴哪里的花蜜多的呢？通过跳舞！蜜蜂的舞蹈语言
是由卡尔·冯·弗里希教授（Karl Von Frisch）发现的，他因这一发现于 1973 年荣获诺贝尔奖。
我们来一起观察一下当蜜蜂发现食物后会有哪些行为。

圆舞：工蜂在采蜜之后返回蜂巢，它会让一小群
蜜蜂先品尝一点儿它所采的蜜，鉴定一下花的品质。
如果蜜源距离蜂巢不到 100 米，这只工蜂就会跳这种圆舞，
不停地绕着半圈，左右方向不定。会有一大群工蜂
跟随它跳这种舞，并用触角进行交流。之后它们就
径直向指定的蜜源飞去。采蜜归来后，这群工蜂同样也向
其他小伙伴跳这种圆圈舞，就这样一直循环直到出动的
工蜂数量足够完成那片蜜源的采蜜活动为止。
采蜜结束之后，工蜂们回到蜂巢就不再跳舞了，
以免别的小伙伴白跑一趟。

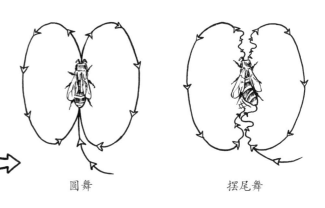

圆舞　　　　　　　　摆尾舞

摆尾舞（8 字舞）：当蜜源距离蜂巢
超过 100 米时，我们的小蜜蜂就会从一边
绕半圈再换另一边绕半圈（就像划数字 8），
当它经过两个半圈的重合线时会抖动腹部，
发出沙沙的声响，它是在"摆尾"。
蜜源离蜂巢越远，在固定时间内蜂舞的
圈数就越少。

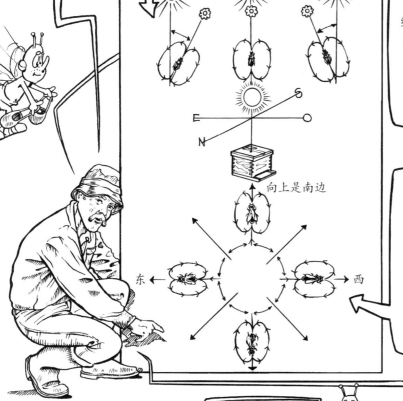

向上是南边

东　　　　　　　西

这位"舞蹈家"会在巢门踏板、
隔板或巢框上起舞。它在跳圆舞
或摆尾舞时都有方位基点，并会与
太阳形成相应的夹角。如果蜜源在南边，
蜜蜂就会直直地向上爬行；蜜源在北边，
蜜蜂就向下爬行；向右指向西边；
向左则指向东边。

所以呀，我们蜜蜂之间的交流方式
还启发了一些新科技的发展呢……

颜 色

蜜蜂能看到的颜色和我们人类差不多，区别是它们还能看见紫外线。一出蜂巢，蜜蜂就会根据太阳辨明方向。

蜜蜂最敏感的颜色有白色、黑色、紫色、黄色、橙色和蓝色。您蜂箱的颜色以及可能标记在蜂箱表面或底板上的几何图形对蜜蜂辨别方向也有重要作用。给您一个建议：避免使用绿色和红色，因为我们的蜜蜂朋友会把这两种颜色同黑色混淆；否则，您很可能会发现蜂箱口乱成了一锅粥。不过，颜色也不是吸引蜜蜂采蜜的唯一因素。如果蜜蜂们去一片油菜花田采蜜，那不仅仅是因为油菜花是黄色的，还因为油菜花散发的香气。

我在身上装点了一些绚丽的颜色，都是为了吸引授粉昆虫。达尔文曾经做过的一个试验证明了这一点：他将蓝色的花瓣从六倍利的花冠上摘除，之后发现这朵花不再有蜜蜂来采蜜了。

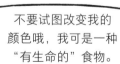

蜂蜜并不总是一种颜色。土地、花源以及天气都对蜂蜜的着色，当然还有味道起着至关重要的作用。几年前，法国的每个大区都有当地特产的蜂蜜。今天，每个大区里"标准化"的集中饲养使得蜂蜜的颜色愈发单一，都变成了迎合消费者喜好的颜色。有些蜂农会通过加热来让蜂蜜的颜色看起来更漂亮，或是去除蜂蜜中的沉淀。为什么要掩盖一个自然现象呢？向消费者解释一下蜂蜜中的这些"小瑕疵"是它本身的变化造成的，这其实是很简单的一件事。事实上，蜂蜜中的沉淀就是葡萄糖结晶，被包裹在了果糖的悬浮气泡中。

不要试图改变我的颜色哦，我可是一种"有生命的"食物。

以下是四季里吸引蜜蜂的花朵颜色。

春天

	花朵颜色	蜂蜜颜色
洋槐	白色	透明
山楂树	白色	琥珀色
油菜	黄色	白色
桉树	白色	琥珀色
苜蓿	紫红色	浅黄色
蒲公英	黄色	黄色
椴树	黄色	浅黄色

夏天

	花朵颜色	蜂蜜颜色
栗子树	黄色	深栗色
薰衣草	蓝色	琥珀色
苜蓿	紫红色	浅黄色
蒲公英	黄色	黄色
驴食草	红色	白色
冷杉	白色	深褐色
向日葵	黄色	黄色
黑莓树	粉红色	白色

秋天

	花朵颜色	蜂蜜颜色
欧石楠	红色	红褐色
常春藤	黄绿色	浅色
黑莓树	粉红色	白色
百里香	粉红色	深褐色

冬天

	花朵颜色	蜂蜜颜色
欧石楠	红色	红褐色
蒲公英	黄色	黄色

冬季不适宜采蜜，这时蜜蜂们主要采食花粉

我是花粉，我的颜色并不一定与我的花朵一致（详情可参见"花粉"章节）。以下是几个例子：

植物	花粉颜色	花朵颜色
草莓	浅棕色	白色
栗树	红色	白色
蒲公英	橙色	黄色
柳树	灰色	黄色
椴树	灰白色	黄色
玻璃苣	绿色	蓝色
虞美人	黑色	红色
驴食草	褐色	红色
欧石楠	白色	红色
冷杉	浅色	红色
山楂树	红色	白色

我们分泌出的蜂蜡是白色的，蜂蜡用于修建巢房。几个月后它会变成深黄色，时间久了蜂巢内部的蜡就变成了黑色。

为了方便在蜂巢中找到我们并且了解我们的年龄，蜂农们在我们的胸背部贴上有颜色的圆形小贴纸，用不同的颜色表示年份，这种操作被称为"标记蜂后"。有些蜂农也会在蜂巢上钉一个带颜色的图钉，这样方便一眼就看出蜂后的年龄。

白色	黄色	红色	绿色	蓝色
—	—	2008	2009	2010
2011	2012	2013	2014	2015
2016	2017	2018	2019	2020

之后再不断循环……

气　味

嗅觉是蜜蜂最发达的感官。一个蜂群的生命维系主要依靠它们的嗅觉。

每个蜂群都有自己的气味。这个气味会自动将所有不属于本蜂群的蜜蜂拒之门外。

在我们那个年代都是偷偷给自己喷香水的。

春　天

从未交配过的蜂后散发出一种和其他蜂后不同的气味。

雄蜂特有的气味会在交配时节吸引蜂后。

植物群在春季散发的丰富香气意味着大量的蜜源。

夏　天

尽管在夏天，人们并不总能闻到植物散发的气味，蜜蜂们却对这种气味十分敏感。在观察蜂箱或在箱内进行常规操作时，要注意避免带入强烈或难闻的气味，比如精油、香水、酸味、汗味，等等。如果您不注意将这些气味带入了蜂箱，那就别怪蜜蜂会蜇您了。而且蜜蜂毒液的刺激性气味还会惹怒其他蜜蜂，可能会导致您被大量的蜜蜂蜇。

秋　天

秋天里需要给体弱的蜂群喂食。

蜜蜂对糖浆的气味非常敏感，因此要小心野蜂侵入蜂箱盗蜜。

在合并蜂群时，气味也发挥着重要作用。因此要给需要合并的蜂群洒上有香气的蜜液。

冬　天

在这段时期，我们的朋友们进入了半昏睡状态，因此几乎不会感知到气味。不过，蜜蜂的捕食者们却仍能嗅到气味，如果您忘记在冬天开始前安装巢门挡的话，捕食者们就会被蜂巢的气味吸引并侵入蜂巢。

嘿，快来，有花香！

我们来啦！

热 量

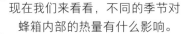

现在我们来看看，不同的季节对蜂箱内部的热量有什么影响。

春 天

经过几个阳光明媚的日子，春天的空气变得温暖，蜂箱内部温度达到10℃，抱团的蜂群开始散开。春天来了，到处都是花粉，蜂后开始产卵。雄蜂羽化后会先帮助蜂儿取暖，之后再随蜂后飞到空中为她受精。随着蜂群中蜜蜂数量增加，蜂箱内部空间变挤，温度也上升。

此时需要加上第一个继箱以防止分蜂。

夏 天

酷热使得蜂箱内部的温度非常高。这时调节巢温的工蜂开始了工作：它们振动翅膀让空气流通，箱内的温度也随之降下来。夏天要多加几个继箱，同时，这也是收获蜂蜜的季节。

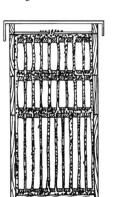

秋 天

蜜蜂的数量随着天气渐凉而减少。收蜂蜜的工作已经结束，把继箱撤下可以让蜂巢的温度升高几度。雄蜂被驱逐出巢，青年工蜂们要准备过冬了。

冬 天

天气渐趋寒冷。如果您的蜂箱被雪覆盖了，也别担心，抱成团的蜂群在零下35℃以上都可以存活。您可能要问了，蜜蜂怎么能在如此低温下存活呢？蜜蜂体内的酵母能够将其取食的蜂蜜和花粉转化为能量物质。这些能量物质接触了蜜蜂通过呼吸器官获取的氧气后，会在体内氧化放热。

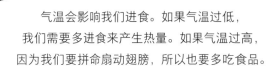

气温会影响我们进食。如果气温过低，我们需要多进食来产生热量。如果气温过高，因为我们要拼命扇动翅膀，所以也要多吃食品。

蜂 箱

在向您介绍当今所使用的蜂箱的特点和结构之前，我先来说说过去人们使用的蜂箱。

过去，蜜蜂在空心树干里筑巢（就像现在的野蜂一样）。人们模仿蜜蜂，把蜂群安置在树干里。后来，蜂农用黏土和树枝搭建蜂窝，再之后是用麦秸和稻草，最后是用木板（目前，塑料和铝正在逐渐取代前几种材料）。请您观察以下几种不同样式的传统蜂箱。虽然有的样式这里并没有列出，但是大体上那些蜂箱的设计构思都和以下这些十分相似。

初始的几种截取空树干制成的蜂窝（树段蜂窝）

水平安置的软木蜂窝

黏土和树枝制成的蜂窝

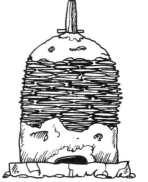
黏土和树枝制成的蜂窝

柳编蜂箱

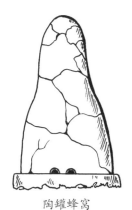
陶罐蜂窝

草编蜂箱

草编蜂箱

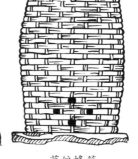
草编蜂箱

木板制蜂箱

刚刚您所看到的蜂箱都是一体式的，它们要么是以树干为基底，要么是由柳条、黏土、树枝、陶土、软木、稻草甚至阿魏（一种属于伞形科的长茎的草本植物）制成。在这些材料制成的蜂箱里收蜂蜜很受限制，而且容易滋生寄生虫。之后人们发明了叠加继箱（或类似于继箱）的蜂箱。17世纪出现了木条式蜂箱。最终，1814年，弗朗索瓦·于贝尔（François Hubert）发明了巢框蜂箱。

酒桶蜂箱

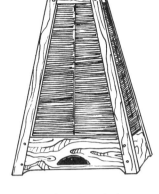

稻草和木制蜂箱

草编蜂箱

隆巴德蜂箱

格拉文肖特蜂箱

草编蜂箱（叠加继箱）

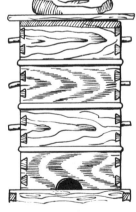

多层蜂箱

草编蜂箱（叠加继箱）

木条式蜂箱

拉韦内蜂箱　　　德拉特蜂箱

草编蜂箱（叠加继箱）

帕尔托蜂箱

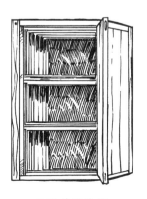

贝勒普斯蜂箱

弗朗索瓦·于贝尔的页式蜂箱

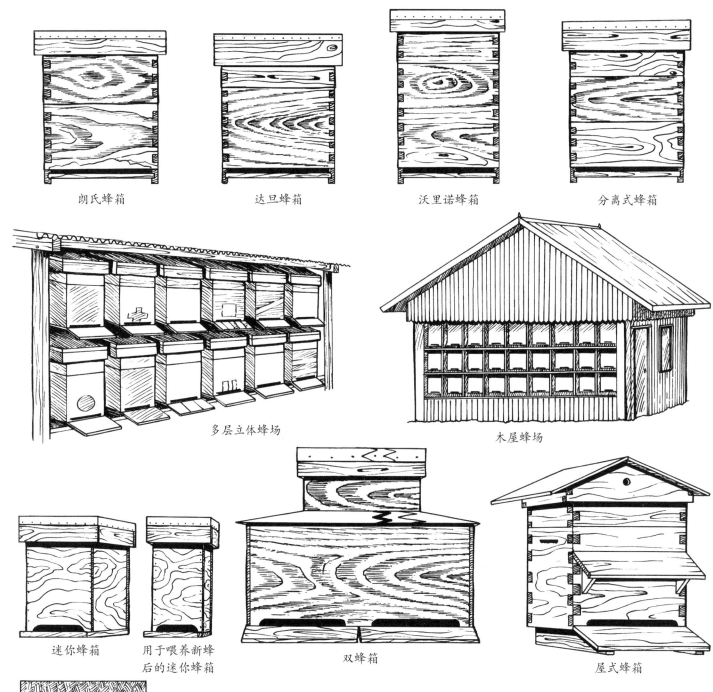

朗氏蜂箱　　　　　　　达旦蜂箱　　　　　　　沃里诺蜂箱　　　　　　分离式蜂箱

多层立体蜂场

木屋蜂场

迷你蜂箱　　　用于喂养新蜂　　　　　双蜂箱　　　　　　　　　屋式蜂箱
　　　　　　　后的迷你蜂箱

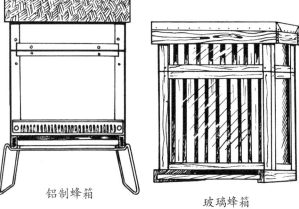

铝制蜂箱

玻璃蜂箱

这些是目前法国使用最广的蜂箱。 朗氏蜂箱由两个尺寸一样的箱体组成，达旦蜂箱包含一个底箱和一个继箱，沃里诺蜂箱从结构上和容量上来说，都与树干蜂窝十分相似，分离式蜂箱的继箱是相互叠加的（这一点非常便于分蜂）。多层立体蜂场和木屋蜂场能够在最小的空间内容纳最多的蜂箱。迷你蜂箱用于分蜂以及筑王台（用来喂养蜂后）。双蜂箱能够容纳两个蜂群，因此有时可以两边同时收蜜。屋式蜂箱在寒冷地区很受推崇，而铝制蜂箱的设计很好，但是不够美观。

制作蜂箱

在开始养蜂之前，我们中有许多人都想象过漫步在大自然中时能看见精美绝伦的蜂场。但是，有些人因为制作蜂箱太难而放弃了。下面我就来向您讲解制作蜂箱的几个步骤，我要告诉您：养蜂是可以实现的。

达旦蜂箱，根据不同规格有 10 或 12 个巢框。它在气候炎热和温和的地区被广泛使用。

请为较强盛的蜂群准备 3 个继箱。

我向您介绍最常用的两种式样：达旦蜂箱和朗氏蜂箱。您可以轻易购买到适合这两种蜂箱的必不可少的配件（隔离条、巢门挡、巢础蜡纸，等等）。

朗氏蜂箱的底箱和继箱尺寸一样，在需要增加蜜蜂数量时，这样的设计更方便我们将蜂箱一分为二。朗氏蜂箱的空间对于数量庞大的蜂群有些狭小。

有些蜂农会把朗氏蜂箱的继箱换成达旦蜂箱的继箱，这样更加轻便。

蜂箱盖
副盖
继箱

底箱

底板

蜂箱盖
副盖
继箱

底箱

底板

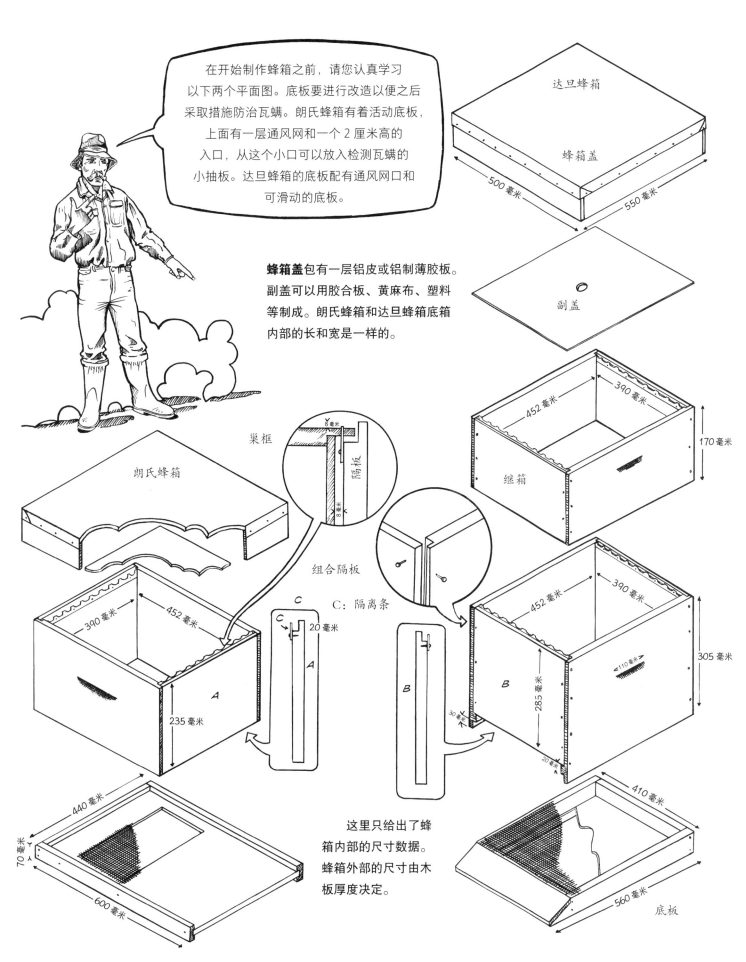

在开始制作蜂箱之前，请您认真学习以下两个平面图。底板要进行改造以便之后采取措施防治瓦螨。朗氏蜂箱有着活动底板，上面有一层通风网和一个 2 厘米高的入口，从这个小口可以放入检测瓦螨的小抽板。达旦蜂箱的底板配有通风网口和可滑动的底板。

达旦蜂箱

蜂箱盖

500 毫米

550 毫米

蜂箱盖包有一层铝皮或铝制薄胶板。副盖可以用胶合板、黄麻布、塑料等制成。朗氏蜂箱和达旦蜂箱底箱内部的长和宽是一样的。

副盖

巢框

隔板

组合隔板

C：隔离条

朗氏蜂箱

452 毫米　390 毫米

170 毫米

继箱

390 毫米　452 毫米

C

C
20 毫米

A

A

110 毫米

452 毫米　390 毫米

305 毫米

285 毫米

B

B

30 毫米

235 毫米

20 毫米

8 毫米

8 毫米

这里只给出了蜂箱内部的尺寸数据。蜂箱外部的尺寸由木板厚度决定。

440 毫米

70 毫米

600 毫米

410 毫米

560 毫米

底板

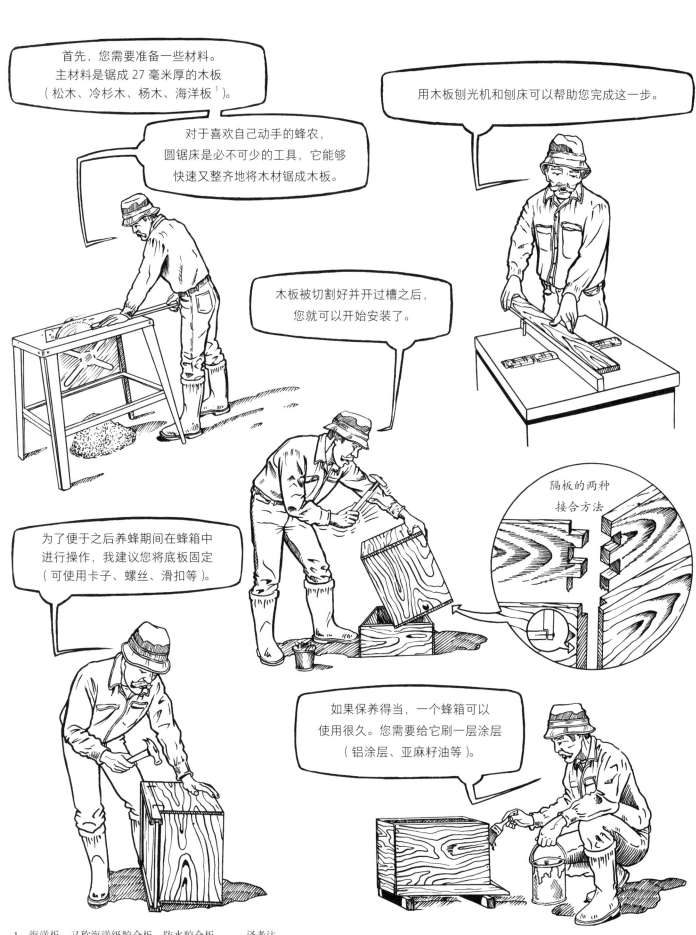

雅式瓦螨

由于新式虫害——由雅式瓦螨（*Varroa jacobsoni*）
引起的瓦螨病的出现，新旧蜂箱都应该进行相应的改造。
旧式蜂箱需要扩大巢门（改为 2 厘米高），目的是方便放入用于检测
瓦螨的抽板。而对于新制作的蜂箱，建议您采用下面两种底板。

第一种底板（A）是可活动的。
2 厘米高的巢门方便放入检测瓦螨的
抽板，但是这也带来几个缺点。事实上，
蜜蜂们会在底板上制造和堆积很多垃圾；
有时候巢框会崩塌，老鼠也会跑来蜂箱
里搭窝……一段时间以后，抽板的通道
就会被堵塞。因此蜂农应当经常并
按时地清理底板。

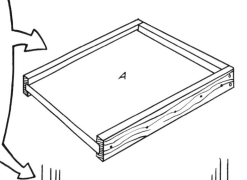

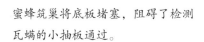

蜜蜂筑巢将底板堵塞，阻碍了检测
瓦螨的小抽板通过。

第二种底板（B）的底部有
一层铁丝网，这样瓦螨会从中掉落。
落在可抽出部分（1B）的油纸上。
同时它还能保证蜂箱内良好的通风。
很多蜂农都选用了这种底板且没有差评。
那么蜜蜂们是不是也喜欢它呢？

B·胶合板 5 毫米

C·板条 15 毫米

D·铁丝网

E·（加固用）小木条
　　25×25 毫米

F·槽

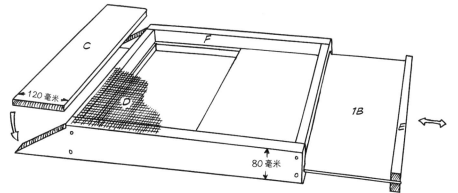

蜂箱里的活动

现在让我们进入一个正在使用的蜂箱，这里以一个达旦蜂箱为例。

我们能看到它分为三个部分：

1. 一个底箱，包含 10 个巢框，其中两端的巢框里装着蜂蜜和花粉，而中间的巢框布满了各个年龄的蜂儿。几乎一整年您都能看到这一景象，除了冬天的几个月，那时蜜蜂会抱成团。
2. 一个继箱（如果蜂群非常强盛的话，可能会有 2 至 3 个继箱）。继箱包含 9 个二分之一巢框，在各个采花季里面会装满蜂蜜和花粉。
3. 一个蜂箱盖。用于保护蜂箱不受恶劣天气的影响，在蜂箱盖下面可以放置一个饲喂器，方便冬季给蜜蜂喂食（当没有继箱时需要饲喂蜜蜂）。

1. 铝皮
2. 蜂箱盖
3. 副盖或空的继箱
4. 饲喂器（放在这里只是为了方便讲解），在冬天此处也可以换成一个冰糖块
5. 蜘蛛（有些品种是捕食螟蛾的优秀天敌）
6. 为收蜂蜜而加上的继箱
7. 装满花粉的蜂房
8. 存放蜂蜜的采蜜蜂
9. 被"侍臣们"包围的蜂后
10. 雄蜂。它会为蜂巢保暖和通风；其主要任务是为蜂后受精。
11. 蜂箱隔板
12. 雄蜂蜂房
13. 保育蜂
14. 蜂儿。中间的巢框布满了幼虫。
15. "瓦匠"蜂（筑巢蜂）
16. 王台
17. 蜡蜂
18. 幼虫
19. 守夜蜂
20. 幼年保卫蜂
21. 通风蜂（振翅调节蜂巢温度的工蜂）
22. 保卫蜂
23. 采蜜蜂
24. "城门"（巢门）

我们一点一点来仔细观察一下蜂巢内部的活动。

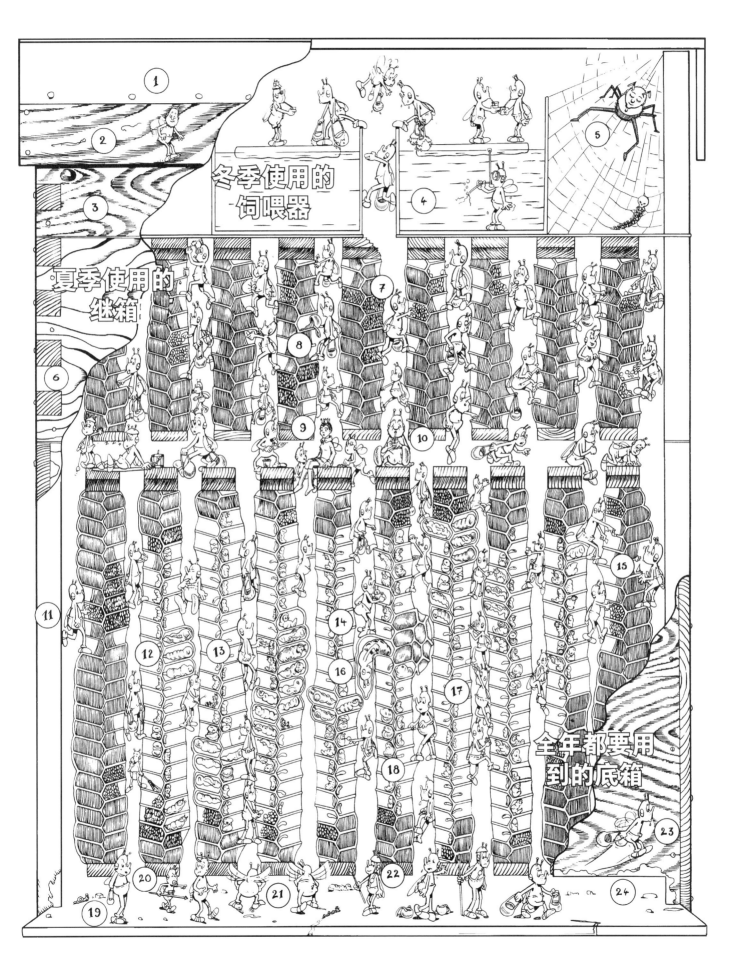

冬季使用的
饲喂器

夏季使用的
继箱

全年都要用
到的底箱

安装巢框

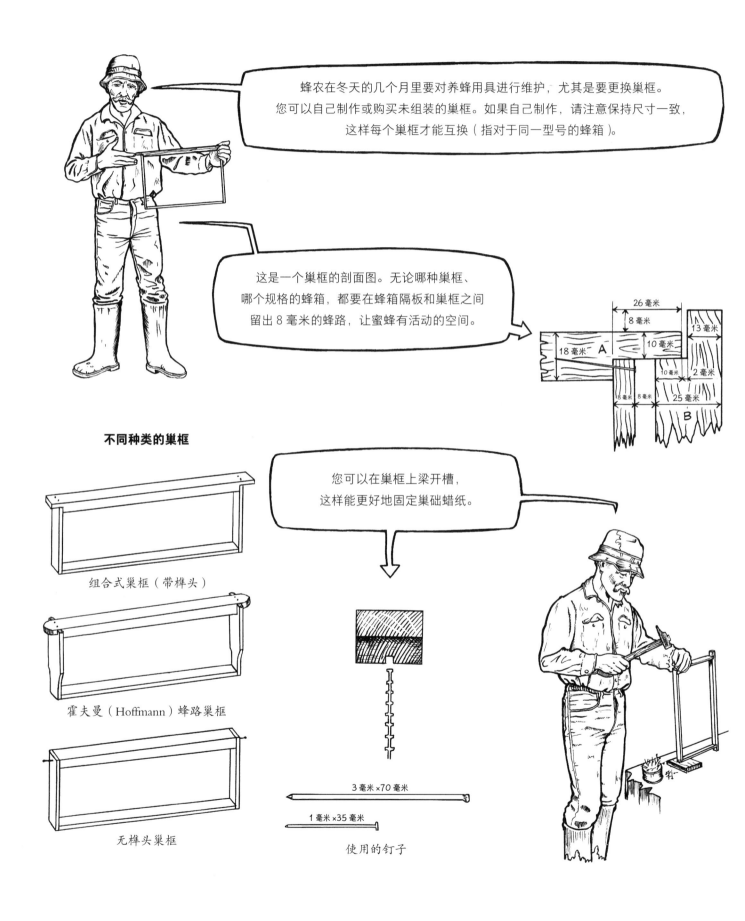

蜂农在冬天的几个月里要对养蜂用具进行维护，尤其是要更换巢框。您可以自己制作或购买未组装的巢框。如果自己制作，请注意保持尺寸一致，这样每个巢框才能互换（指对于同一型号的蜂箱）。

这是一个巢框的剖面图。无论哪种巢框、哪个规格的蜂箱，都要在蜂箱隔板和巢框之间留出8毫米的蜂路，让蜜蜂有活动的空间。

26毫米
8毫米
13毫米
18毫米 A 10毫米
10毫米 2毫米
8毫米 8毫米 25毫米
B

不同种类的巢框

您可以在巢框上梁开槽，这样能更好地固定巢础蜡纸。

组合式巢框（带榫头）

霍夫曼（Hoffmann）蜂路巢框

无榫头巢框

3毫米×70毫米

1毫米×35毫米

使用的钉子

达旦蜂箱的巢框（继箱和底箱）

18毫米

8毫米

135毫米

8毫米

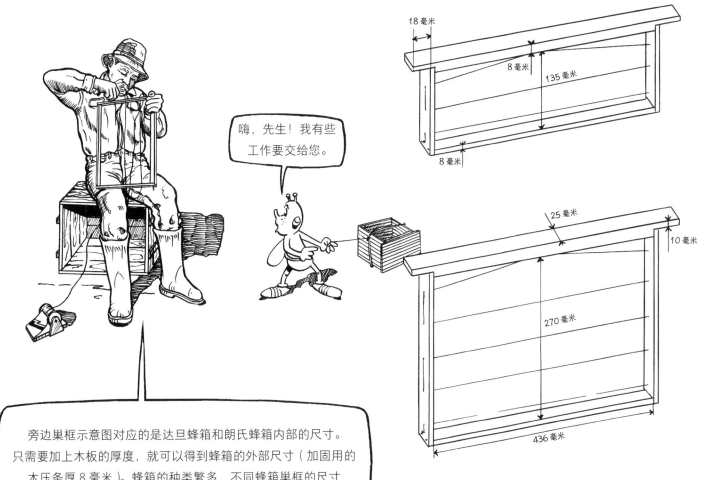

25毫米

10毫米

270毫米

436毫米

旁边巢框示意图对应的是达旦蜂箱和朗氏蜂箱内部的尺寸。只需要加上木板的厚度，就可以得到蜂箱的外部尺寸（加固用的木压条厚8毫米）。蜂箱的种类繁多，不同蜂箱巢框的尺寸也不尽相同，下面以几种不同的蜂箱为例。这里并没有把每种蜂箱都列出，因为种类实在太多了。

嗨，先生！我有些工作要交给您。

朗氏蜂箱（继箱和底箱巢框尺寸一样）

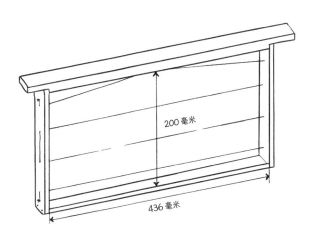

200毫米

436毫米

各种蜂箱及其巢框尺寸

贝勒普斯（Berlepsch）三层蜂箱 18×27.5厘米

威比（Ouimbi）蜂箱 27×46厘米

巴斯蒂安（Bastian）蜂箱 34×28厘米

莱杨（Layens）蜂箱 37×31厘米

伯基-杰可（Burki-Jeker）蜂箱 27×34.7厘米

萨戈特（Sagot）蜂箱 30×30厘米

德尔宾（Delépine）蜂箱 28×34厘米

沃里诺（Voirnot）蜂箱 33×33厘米

考恩（Cowan）蜂箱 27×20厘米

达旦布拉特（Dadant-Blatt）蜂箱 26.5×42厘米

上镀锡的铁丝

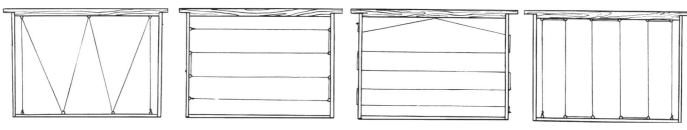

给巢框穿镀锡的铁丝的不同方法

用直径 2 毫米的钻头在木板条上打孔，
然后穿入镀锡的铁丝

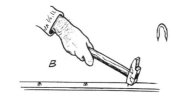

您也可以用一些 U 形钉来固定镀锡的铁丝

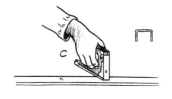

用订书钉也可以

您可以去商店购买一个钉钉
器，用来防止砸伤手指

您需要准备一个之字形曲线
紧线器用于拉紧镀锡的铁丝

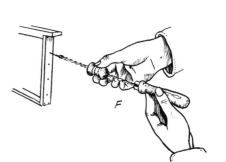

如果没有穿孔机或者可以一次打 5 个孔
的精密仪器，您也可以使用陀螺钻

上巢础

天气很冷，又下雨……总之，已经是冬天了，无法在户外工作。
那我们就利用这样的一天给已经提前"武装"好的巢框上巢础吧。
您需要采取必要的准备措施，做好养蜂用具的储存工作：将它们平铺开，
放置在干燥处。铺好巢础蜡纸的巢框也要采取相同的储存方法。
在购买巢础时通常会有两种选择：要么是纯蜂蜡的，要么是混合蜡的。
注意了，尽管混合蜡的价格更低，也能被蜜蜂接受，
但是如果长期使用，对于蜜蜂和蜂农都会有一定的危害。
因此最好使用纯天然的蜂蜡。

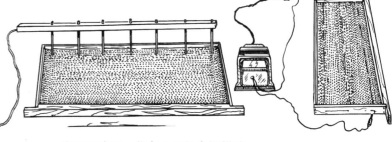

您可以购买一些专业工具来把巢础
固定在巢框线上

您对以前的仪器感兴趣吗？
勒鲁瓦（Leroy）电阻器非常经济
实惠，它的原理是将其中一根电线
剪断，用一个老式铁熨斗与剪断的
电线两端分别相连。
万蒂鲁（Vinturoux）电阻器是在一个
玻璃容器中装 1 升水和一汤匙粗盐混合
的溶液，然后在容器上盖上（木制）
绝缘盖，在木盖上打两个孔，
穿入两根钉子。

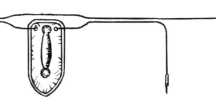

勒鲁瓦电阻器

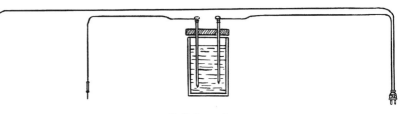

万蒂鲁电阻器

之前我习惯给巢框铺满巢础蜡纸，有人建议我只放一根巢础条，这样可以节约成本。但我觉得这种方法并不是很有用，因为蜜蜂只在巢础条上筑造整齐的蜂房，超出这个范围之外，它们就有可能造得不规则，甚至造出雄蜂的蜂房。此外，如果蜂房造得不规则，会给蜂农查看蜂巢或收蜜带来麻烦。大家可以判断自己觉得最好的方法。

我个人还是采用了我原先的方法。就达旦式十框蜂箱来说，底箱和继箱分别要用到 1 千克和 500 克巢础。

用一个和巢础蜡纸大小一致的木板来按压。这样，巢础在焊接的时候可以很好地固定在巢框上。

所需材料：

– 将 40 米的镀锡的铁丝并线，
　得到 20 米的绞线
– 6 块 5 毫米厚的胶合板：
　两块尺寸为 18×40 厘米
　两块 32×40 厘米
　两块 34×40 厘米
– 4 根 42×2×2 厘米的垫木条
– 一个把手（E）
– 电线 2 米
– 两个接线子（B）
– 两个用来抓手的销子（D）
– 两根 40×2×4 厘米的垫木条
– 两个螺栓
– 两个螺栓（C）

　　在木板上开 33 道定位槽，用于之后固定绞线。上巢础之前，您可以在机器内部收纳巢础蜡纸（A）和电线。

为什么不试试自制一个上巢础的机器呢？它对于能工巧匠来说，制作简单，而且花费很少。

针对手工爱好者

您当然也可以在商店买到性能好又实惠的类似装置

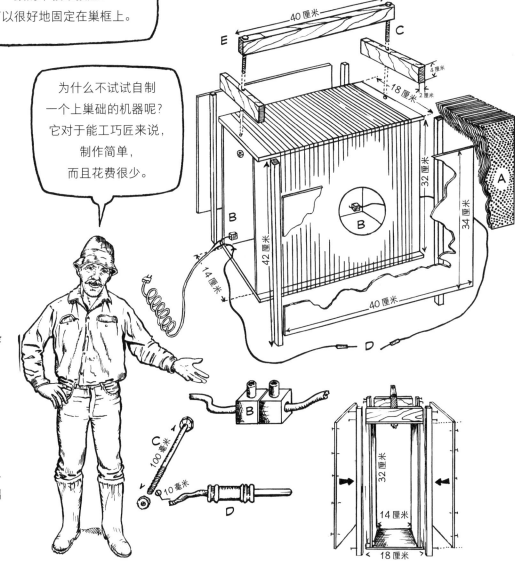

告诉您一个简单又省钱的小窍门，用于存放或者运输巢框。您需要一个旧的卡车或拖拉机内胎，剪成细圈，实在找不到用汽车的内胎也可以，但是用汽车内胎的话需要把两个圈绑在一起用（A）。依照巢框的长度剪两段铁丝，两端（B）分别掰弯成铁钩。如图所示，把继箱或底箱的巢框捆紧。

啊！新家伙……

别动！我去告诉其他小伙伴。

巢础蜡纸非常脆弱，因此为了更好地将其固定住，您需要准备一个有隔层的熔蜡壶。在熔蜡壶的隔层中加入热水保温，倒少许熔化的蜡在巢础与巢框连接处的凹槽上。

巢框部分的工作就完成了。现在您该引入一个优质的蜂群，并好好照顾它们了！

去看看这里适不适合居住。注意别被发现了！

别担心！我还要确认一下这是不是纯天然的蜡。

我要喝蜂蜜！

您可以在商店买到不同种类的齿轮埋线器来固定蜡纸，有电加热和火加热的。

喂水器

对蜜蜂们来说，**水是必需的**。尤其是在初春时节，因为此时的花蜜还不充沛，不足以供蜜蜂采集。蜜蜂们需要用水来喂养蜂儿。

一个蜂群每个月大约要消耗 5 升水。如果您的养蜂场靠近耕地，那就要小心水源被排水沟污染的风险。因为化肥、农药都会污染环境。唉！给蜜蜂喂水的最好方法，就是在养蜂场里装一个喂水器。

在养蜂场或工作车间里的工作结束了，这时候喝点水解解渴，再惬意不过了。人类生存需要吸收水分，蜜蜂也一样！

喂水器制作起来非常简单。根据蜂群的数量，您可以取一个水瓶将其倒置，让水一滴一滴流出，或者使用一个铺好树枝和青苔（防止蜜蜂溺水）的油桶。建议您把喂水器放在太阳底下，不过别让它吹太多风，因为蜜蜂喜欢温水，不喜欢凉水。如果仔细观察蜜蜂就会发现，它们喜欢含有机物的水。

下面是制作喂水器的简单步骤：取一个油桶，将它的盖子割开，在上面开一些小洞。在桶盖背面钉两个木条，这样可以使桶盖浮在水面上。油桶装满水之后，随即放入"浮盖"，它可以防止蜜蜂溺水。

如果没有油桶，您也可以随便找一个容器放在养蜂场里给蜜蜂喂水，只要这个容器不含有毒物质。别忘了在水面上铺一些小树枝、青苔、树皮，等等。

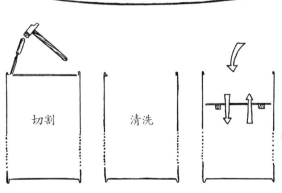

切割　　清洗

桶盖

干杯！

用一个凿子和一把锤子，像开瓶器那样把油桶盖割开。接着先后用木屑和洗涤剂清理桶内，冲洗干净后再装入清水，盖上"浮盖"。这样喂水器就做好了！

打理养蜂场

把长在蜂箱前、挡住巢门的杂草割除。
如果使用镰刀的话，需要非常小心，别撞到蜂箱底座。
同样地，如果您直接用手去拔草的话，也要非常小心，
因为蜜蜂可不喜欢有人在它的家门口打扫卫生。当然，
如果蜂箱已被清空，则可以搬到养蜂车间里进行清洁
和修补，好让蜂群在来年春天重新安家、发展壮大。
同时也别忘了清理喂水器，并把水加满。

在清除灌木丛时，
注意不要把蜜源植物也清除了，
您可以用整枝剪来修剪
蜜源树木。

黄杨

野樱桃树

苹果树

金雀花

欧洲白蜡

洋槐

荆豆

榛树

花楸树

无梗花栎树

栗树

黄花柳

椴树

梨树

枫树

多刺英国山楂树

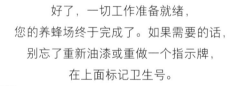

卫生号
（清晰可见）

好了，一切工作准备就绪，
您的养蜂场终于完成了。如果需要的话，
别忘了重新油漆或重做一个指示牌，
在上面标记卫生号。

在春天第一次查看蜂巢之后，
如果您对蜜蜂的健康状态不确定，
可以赶紧打电话给您所在大区的卫生专员。

接下来的章节会向大家展示
各种蜜源植物在冬天的模样。

尽量将蜂箱朝东的
那一面清理干净。

蜂箱的安置

蜂箱整齐地排成一条直线很美观，对吧？
美观是肯定的，不过这样摆放却不利于蜂蜜的采收，
因为蜜蜂采蜜归来后会飞进它们看到的第一个蜂箱，
而这对它原本所在的蜂箱是不利的，
这一现象被称为"偏航"。

您在蜂场里布置蜂箱时要遵循几个非常重要的原则：朝向要好；
给蜂箱做好防风措施；不要把蜂箱排成行，而要摆放得有特征，
让蜜蜂能记住，便于它们返回时找到自己的蜂箱。尽可能不要在同
一处放好几个蜂箱。把 30 个蜂箱平均分配放在 3 个蜂场里，
比把 30 个蜂箱全安置在同一个蜂场里更好。

流动养蜂

通常有两种养蜂模式：第一种是定点养蜂，即蜂场位置是固定的；第二种是流动养蜂，需要根据不同的花期转移蜂场。在转移蜂场之前，您需要了解转移地区的蜜源分布情况，并且确认那里没有会危害蜜蜂的严重疾病。另一方面，您必须获得所在地区兽医服务中心发放的蜜蜂健康证明。

之后就可以前往您想要转移蜂场的目的地了，找到理想地点之后，可以先联系这块场地的主人。相关细节都谈好以后，您还要调查一下目前这个蜂场已有的蜂箱数量，避免转移蜂箱后干扰到这里原有的蜂场。最后还要计算转移蜂场每千米所需成本，因为如果成本太高，转地饲养就没有意义了……

如果成本在合理范围，您对蜜源分布也满意，就可以着手准备转移了。

如果蜂箱数量不多，您可以在蜂场里放一些蜂箱底座。如果附近没有水源，就要在蜂场安一个喂水器给蜜蜂供水。您还可以放一两个迷你诱蜂箱来吸引蜂群，说不定就会有一个蜂群选择其中一个安家。

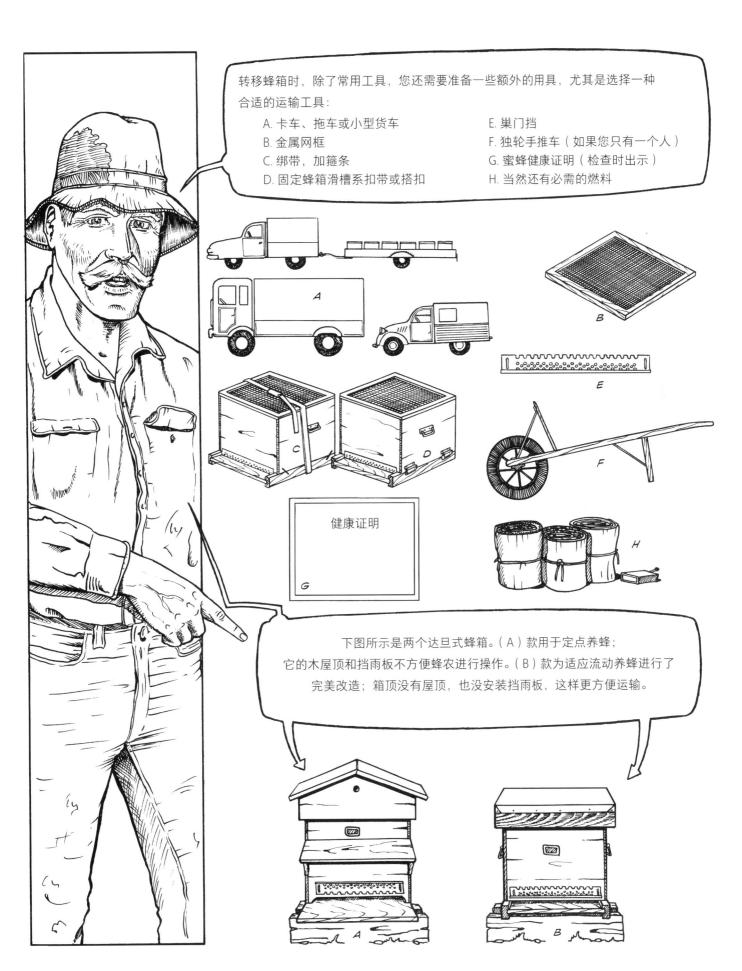

转移蜂箱时，除了常用工具，您还需要准备一些额外的用具，尤其是选择一种合适的运输工具：

A. 卡车、拖车或小型货车
B. 金属网框
C. 绑带，加箍条
D. 固定蜂箱滑槽系扣带或搭扣
E. 巢门挡
F. 独轮手推车（如果您只有一个人）
G. 蜜蜂健康证明（检查时出示）
H. 当然还有必需的燃料

健康证明

下图所示是两个达旦式蜂箱。（A）款用于定点养蜂；它的木屋顶和挡雨板不方便蜂农进行操作。（B）款为适应流动养蜂进行了完美改造；箱顶没有屋顶，也没安装挡雨板，这样更方便运输。

要转移蜂箱了，选一个下午前往您的蜂场吧。您应当已经提前挑选好了需要转地的蜂箱。首先用烟稍微熏一下蜜蜂。

取下副盖的同时，放上一个金属网框。一定要确认网框没有裂缝或小洞，因为蜜蜂会被透出的光斑所吸引而想涌出蜂箱，这会造成蜜蜂拥堵、窒息。

请把金属网框钉在蜂箱上或与整个箱体捆紧。如果您选择用钉子，注意要把底板钉死在箱体上。您也可以选择用搭扣或系扣带等。

最后一刻再把巢门入口关闭，即如果您夜里出发就晚上关巢门，如果您是白天出发，就一大早关闭巢门。有一些蜂农不关巢门……这样是否有欠谨慎？这很有可能会导致故障或事故。

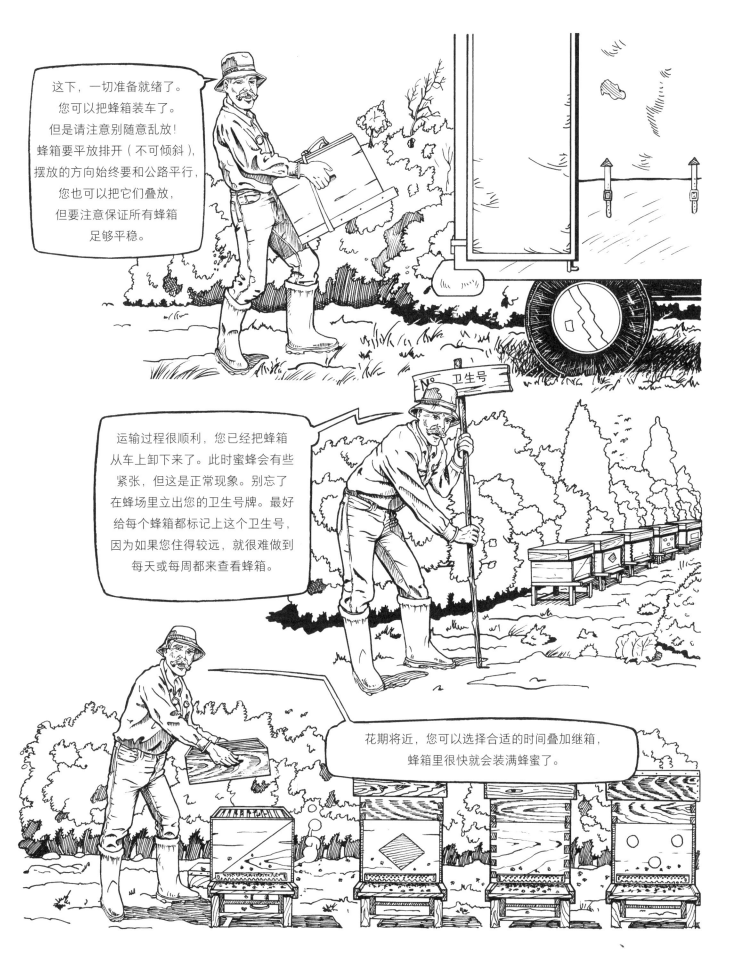

蜜蜂的天敌们

不要把捕食者和寄生虫弄混了。
不应该将蜜蜂的捕食者完全消灭，
因为它们也是自然生物链中的一环。

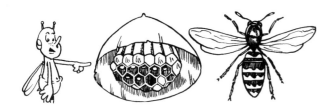

蚂蚁

当一大群蚂蚁聚集在一起，把副盖当成人工孵卵器时，情况就很麻烦了。因为，想把它们赶走几乎是不可能的。用蜂扫驱赶也没用，第二天它们又回来了！没有任何方法能够在不伤害蜜蜂的情况下有效防止蚂蚁进入蜂箱。不过，植物上的蚂蚁的好伙伴——蚜虫倒是很有用的。它们饱食植物分泌的汁液，并排泄出多余的汁液在树叶上，这些汁液被蜜蜂采集成为树蜜。

马蜂

马蜂的胆子很大，它能在任何地方筑巢，吞食一切可以吃的东西！和大胡蜂一样，它在飞行时捕猎。它们造成的蜇伤会越来越严重，所以一定要特别小心。在春天的蜂场里，如果出现过多的马蜂就会给蜂农的工作增加难度，因此非常有必要控制马蜂的活动范围。有一种简单又有效的消灭马蜂和大胡蜂的方法：把一些塑料瓶剪成两半，上面一半倒置后倒入蜜水作为诱饵。将您准备好的陷阱放在马蜂喜欢的地方，比如取蜜车间附近，或将它们悬挂在树下。陷阱里抓到的马蜂和大胡蜂数量会多到让您吃惊！

大胡蜂

被大胡蜂蜇伤会非常疼，有时是致命的，因为它的螯针没有倒刺，不会留在皮肤内，可以发动多次袭击。大胡蜂是肉食性昆虫，且嗜血成性。当它找不到其他食物时就会捕食飞过的蜜蜂。胡蜂们经常把巢建在蜂箱副盖或迷你诱蜂箱里。抬起蜂箱盖的时候动作一定要慢。最好在初春时就把大胡蜂全部消灭掉。

特别要注意消灭亚洲大胡蜂，它们会大规模地攻击蜜蜂群。但小心，不要伤及黄边胡蜂，它是受保护的动物。

赭带鬼脸天蛾

这是一种大型蛾类，主要特征是背部有一明显的骷髅头斑纹。5月到9月，它在夜间潜入蜂箱偷食蜂蜜，造成损失。夏天，在土豆或其他茄科植物的叶子上，我们能发现它的幼虫，体型肥大且长有S形的独角。

老鼠和田鼠

　　这些小型啮齿类动物进入蜂箱里会造成大量损失。它们用稻草和干枯的叶子把巢筑在巢框之间，毁坏蜂蜡和蜂蜜。想防止它们进入蜂箱，就要在初冬季节装上巢门挡。

蜡螟

　　较弱或生病的蜂群容易被这种鳞翅目昆虫侵袭。一只侵入蜂窝的蜡螟就能够毁灭一整个蜂群，因为它可以产200个卵。飞蛾成虫本身并不是造成损害的元凶，它的幼虫会钻入蜂蜡和木头，挖出一个又一个隧道，将蜂箱蛀空。叠加的继箱也不能幸免。

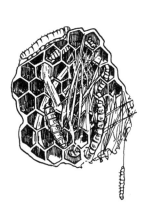

蜘　蛛

　　大多数蜘蛛类不吃蜜蜂。但是有几种蜘蛛就是以蜜蜂为食的，它们张网捕食蜜蜂、马蜂、大胡蜂、蝴蝶等昆虫。如果您仔细观察蜘蛛的行为（通常是在副盖里），就能很容易地发现一些蜘蛛将蜜蜂的敌害——如蜡螟困住，使其无法进入蜂箱，因此不要把这一类蜘蛛消灭掉。

　　以前，人们把蟾蜍，燕子、山雀、知更鸟还有其他鸟类也视作蜜蜂的天敌。如今，一些人为造成的水塘和其他自然水源的干涸使蟾蜍的数量减少。燕子也变少了，因为过去它们以牛栏、马厩里的各类昆虫为食，而现在牛栏和马厩都消失了。随着田地的合并，篱笆被拔除，再加上杀虫剂的滥用，山雀和知更鸟也濒临灭绝。

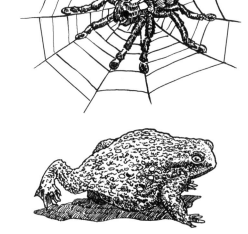

人　类

　　人类当然是蜜蜂最大的天敌。人类生产、使用农药（含杀虫剂）以及其他有毒产品，对自然环境造成污染和破坏：动物、植物、河流、湖水、空气。被污染的环境不利于蜜蜂生存。

12 种蜜源草本植物

玻璃苣（0.2~0.8 米）
L，*Borrago officinalis*
F，紫草科
O，5 月至 9 月

欧石楠（0.2~1 米）
L，*Calluna vulgaris*
F，杜鹃花科
O，6 月至 9 月

拉丁学名
科
花期

蓟（0.5~1 米）
L，*Cirsium lanceolatum et arvense*
F，菊科
O，6 月至 9 月

油菜（0.3~0.7 米）
L，*Brassica napus*
F，十字花科
O，4 月至 5 月

薰衣草（0.3~0.6 米）
L，*Lavandula officinalis*
F，唇形科
O，7 月至 8 月

常春藤（3~30 米）
L，*Hedera helix*
F，五加科
O，9 月至 10 月

蒲公英（0.1~0.5 米）
L，*Taraxacum officinale*
F，菊科
O，3 月至 11 月

苜蓿（0.3~0.6 米）
L，*Medicago sativa*
F，豆科
O，5 月至 9 月

黑莓（0.5~3 米）
L，*Rubus fruticosus*
F，蔷薇科
O，5 月至 8 月

驴食草（0.2~0.6 米）
L，*Onobrychis sativa*
F，豆科
O，5 月至 7 月

百里香（0.1~0.4 米）
L，*Thymus vulgaris*
F，唇形科
O，5 月至 10 月

向日葵（0.4~1.2 米）
L，*Helianthus annuus*
F，菊科
O，7 月至 8 月

12 种蜜源木本植物

山楂树（2~6 米）
└，*Crataegus monogyna*
F，蔷薇科
⊙，4 月至 5 月

荆豆（1~2 米）
└，*Ulex europaeus*
F，豆科
⊙，4 月至 5 月

黄杨（1~6 米）
└，*Buxus sempervirens*
F，黄杨科
⊙，3 月至 4 月

栎树（30~40 米）
└，*Quercus robur*
F，壳斗科
⊙，4 月至 5 月

栗树（20~30 米）
└，*Castanea vulgaris*
F，壳斗科
⊙，6 月至 7 月

枫树（10~15 米）
└，*Acer*
F，槭树科
⊙，4 月至 5 月

冬青（2~10 米）
└，*Ilex aquifolium*
F，冬青科
⊙，5 月至 6 月

洋槐（10~20 米）
└，*Robinia pseudacacia*
F，豆科
⊙，5 月至 6 月

冷杉、云杉、松树等
夏天蚜虫将树汁排出，
由蜜蜂采集成树蜜

柳树（5~20 米）
└，*Salix alba*
F，杨柳科
⊙，4 月至 5 月

接骨木（2~10 米）
└，*Sambucus nigras*
F，忍冬科
⊙，6 月

椴树（10~30 米）
└，*Tilia cordata*
F，椴树科
⊙，6 月至 7 月

养蜂场周边的 22 种木本植物

英国山楂树
Crataegus oxyacantha

刺槐
Robinia pseudacacia

黄杨
Buxus sempervirens

黄花柳
Salix caprea

椴树
Tilia cordata

欧亚槭
Acer pseudoplatanus

欧洲白蜡树
Fracinus excelsior

欧洲栗树
Castanea vulgaris

无梗花栎树
Quercus robur

染料木
Genista tinctoria

欧洲荆豆
Ulex europaeus

西洋梨树

Pirus communis

野樱桃树

Prunus avium

欧洲榛

Corylus avellana

苹果树

Malus communis

白桦

Betula alba

欧亚花楸

Sorbus domestica

野李树

Prunus insititia
或 *serasifera*

欧洲七叶树

Aesculus hippocastanum

冬青

Ilex aquifolium

黑莓

Rubus fruticosus

常春藤

Hedera helix

养蜂场周边的 22 种木本植物　77

嫁接

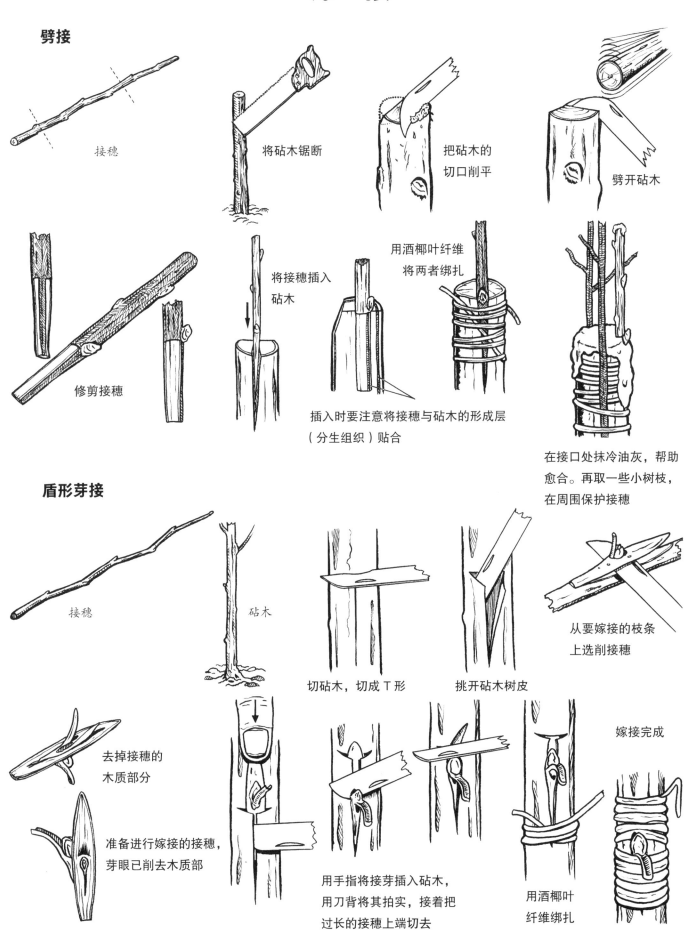

劈接

接穗

将砧木锯断

把砧木的切口削平

劈开砧木

修剪接穗

将接穗插入砧木

插入时要注意将接穗与砧木的形成层（分生组织）贴合

用酒椰叶纤维将两者绑扎

在接口处抹冷油灰，帮助愈合。再取一些小树枝，在周围保护接穗

盾形芽接

接穗

砧木

切砧木，切成T形

挑开砧木树皮

从要嫁接的枝条上选削接穗

去掉接穗的木质部分

准备进行嫁接的接穗，芽眼已削去木质部

用手指将接芽插入砧木，用刀背将其拍实，接着把过长的接穗上端切去

用酒椰叶纤维绑扎

嫁接完成

叠加继箱

什么时候叠加继箱合适呢？不能太早也不能太迟！
您是不是觉得太难做到了？如果能定期检查蜂箱，
您很容易就会知道什么时候应该加上第一个继箱。
蜂群壮大是第一个标志，如果蜜源植物已经非常充沛了，那么毫无疑问，
叠加继箱的时候到了。不过，早加继箱还是比迟加要好，这样可以避免分蜂。
有一些蜂农由于没时间或者没地方储存继箱，于是整个冬天都把继箱
放在底箱上，直到收蜜时节才把它们撤下来。

如果底箱的巢框已经"胀满了"
白色蜂蜡，就赶快加继箱吧。

如果您担心蜂后会将卵产在继箱里，
那就在底箱和继箱之间插入一块隔王板。
养蜂用具专卖店有各式各样的隔王板
可供选购：塑料的、镀锌的，等等。

继箱的巢框里发现了蜂卵，
真是让人难过……！

塑料隔王板

安装在木制巢框上的镀锌隔王板

如果您不得已提前装上了继箱，那就在继箱和底箱之间垫一张报纸，防止子脾的温度过低。

当蜜蜂们想要去"蜜仓"存放采回的蜂蜜时，它们会把那张报纸一点点撕开的。

天花板上有报纸？我们现在全见着了！

回家的时候别忘了读一读头上的报纸！

如果除了蜂蜜您还想收集蜂胶的话，就在继箱上放一块蜂胶板。它是一块打了很多孔的软塑料板。一旦把它放上蜂箱，蜜蜂们就迫不及待地在每个孔上存放蜂胶。一块采集板装满蜂胶之后，将其取出，放入冰箱保存，以便让蜂胶变硬。您只需要卷曲蜂胶板就可以剥下蜂胶，得到干净的蜂胶产品了。

原则上，继箱应该有9个巢框。但是如果您想要让您的巢脾更大一些，也就是更厚一些，好储存更多的蜂蜡，那就只放8个巢框。在安装继箱时，别忘了固定住对应宽度的间隔条。

采收蜂蜜

收获蜂蜜的时候到了。这项工作要选在一个阳光灿烂、无风无雨的日子里进行。不过您也别高兴得太早，因为即使您已经做好了所有必要的防护措施，在取下继箱时还是会被几只蜜蜂蜇伤，它们可不愿意自己辛苦劳作的果实被您给拿走了。

取下继箱之前，要确认继箱的巢框都有封盖。

想要取出继箱，有几种方法。

密斑油的气味和苦杏仁油的差不多。蜜蜂非常讨厌这个味道，所以一闻到就会立刻飞到下层的底箱中。

1. 用脱蜂器。将脱蜂器固定在一块平板上，放在继箱和底箱之间，可以让蜜蜂下到底箱但无法返回继箱。

2. 放一个木框。将一块浸泡了密斑油的帆布盖在木框上，接着把这个木框放在继箱顶。

锥形脱蜂器

波特脱蜂器

圆形塑料脱蜂器

第二种直接喷烟的方法，您需要再准备一个工具：一个空继箱。
前几个步骤都和上个方法一样，接着将巢框一一取出，摇一摇，
或用蜂扫把上面残余的蜜蜂轻轻扫去，然后放入空继箱里。
尽管这个方法不够迅速，但它的优点是蜜蜂
始终留在它们自己的领地里。

无论用哪种方法，
如果继箱里有蜂卵，
蜜蜂们就会很抵触，
不愿离开继箱。

根据蜂场到取蜜
车间的距离决定，
您可以用手搬运继箱，
或借助小推车，
或更好的装置。

他把我的
蜜拿走了！

盗 蜜

若您不加注意，
就很容易发生盗蜜。

有哪些原因会导致盗蜜的发生，
有时甚至对蜂箱造成灾难性后果呢？
首先是蜂农饲养管理不当的措施，
这也是主要原因，包括：
－在蜜粉源匮乏时期，
选择在白天蜂群活跃时段喂食；
－蜂箱有裂缝或保养不当，使得盗蜂
有机可乘，容易进入蜂箱；
－取蜜作业或检查蜂箱后，留有蜂蜡碎屑，
或滴落的蜂蜜未及时清除；
－蜂场里有病弱群或失王群。

盗蜜是怎么发生的呢？
看看这只年长的工蜂吧。它闻到了
这个弱群里香喷喷的蜂蜜。

而这只盗蜂正在试图进入蜂箱。
如果它成功进入这座城池而没有受到
任何守卫蜂的阻挠，就会出现盗蜜现象。
它只需要再通知自己群的伙伴们就行了。
被通知赶来的盗蜂们开始突袭被盗群，
从这一刻起，盗蜜开始了。一开始被盗群的
守卫蜂还会驱逐盗蜂，但后者在数量上占
巨大优势，最终完全占领了弱群的蜂箱。

之后我们就会在蜂箱底板上发现
一具又一具蜜蜂的尸体，有盗蜂的，
也有守卫蜂的。一只蜜蜂的螫针
插入了另一只蜜蜂的腹部。

盗蜂们趁乱携带战利品逃离蜂箱。
受到突袭的蜂群开始形成一个
黑乎乎的漩涡。

就这样来回
多次，蜂群开始发狂，
变得极具攻击性，
开始螫所有移动的东西。
所以您必须戴上面罩，
或穿上防护衣，
防止四面而来的
螫针攻击。

继箱的储存

无论蜂蜜的收成如何，
都要做好继箱的储存工作。

储存之前，首先要将继箱清理干净。
主要就是让蜜蜂来清洁继箱的巢框。
方法一（A）：把继箱重新叠加在底箱上。
方法二（B）：把继箱堆放在蜂场里，
别忘了在继箱之间插入垫木，
方便蜜蜂出入，在顶层要放
一个箱盖来防雨。

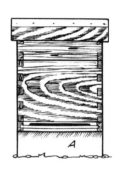
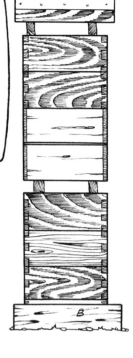

清洁结束了，接下来就是储存了：
同样地，储存的方法有很多种。您可以
把继箱留在底箱上，或者把它们
都叠放在一起。

要把盛有花粉的巢框抽出来，因为
蜡螟最喜欢吃花粉。否则，春天的时候，
您会很吃惊地发现：巢脾上的蜡全都不见了，
取而代之的是满巢框迷人的小毛毛虫。

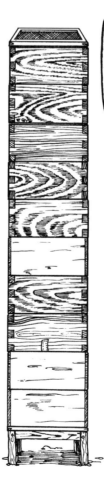

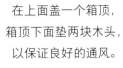

如果您有自己的花园，那么继箱的储存就不成问题了。把它们叠加在一起，别忘了在最上面和最下面放一层铁丝网，防止天敌进入……

在上面盖一个箱顶，箱顶下面垫两块木头，以保证良好的通风。

如果您是用一间有纱窗、通风良好的房间来保存继箱，那么请叠放继箱，每3或4个之间垫一张报纸，并放一两个樟脑丸。

如果您选择将继箱存放在开放式的场所（停车场、厂棚等），请叠放继箱，在最上面和最下面各铺一层铁丝网。越冬时可以烧硫磺熏蒸巢脾。但是，要知道，熏蒸时产生的气体无法消灭蜡螟的虫卵。

无论用哪种方法保存继箱，
都必须先把覆盖在巢框上的蜂胶刮下来，
并在储存之前对继箱和巢框进行维护。

如果您的继箱不多，
可以把空的继箱放在
蜂场或某个地方。

他好忙
啊……

巢框应当储存在干燥阴凉的专门的存放处，
比如一个装了纱网的衣橱。
每个养蜂人都会选择适合自己的储存方法，
尽可能地发挥自己的想象力。

他要对我们的
继箱巢框做什么呀？
他在搞收藏吗？

取蜜车间

蜂蜜大丰收的时候到啦！

采收之前，请先确认继箱里是不是已经装满了蜂蜜。

还有，尤其要确认巢脾都已经封盖了。

如果以上两个条件都已经满足，就可以准备您的取蜜车间以及其他收蜜器具了，所有器具都要清洗干净，保证可以正常使用。春季收蜜时，特别是采收油菜花蜜时，需要提前几个小时给车间供暖，因为摇蜜必须在蜂蜜还温热时进行。将蜂蜜运到冷的房间会加速它的结晶，从而增加摇蜜的难度。

一切准备就绪？那您就可以把继箱搬来了。如果您是初学者或爱好者，建议您一次搬来 10 至 20 个继箱，专业蜂农的话，他们自己知道该怎么做……

把继箱从车上卸下来，直接叠放在取蜜车间里。

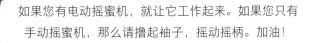

如果您有电动摇蜜机，就让它工作起来。如果您只有手动摇蜜机，那么请撸起袖子，摇动摇柄。加油！

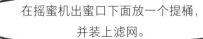

在摇蜜机出蜜口下面放一个提桶，并装上滤网。

多好的蜜啊……

提桶装满后，将里面的蜂蜜倒入存蜜桶，在此之前您应该已经将滤蜜器装在存蜜桶里了。

存蜜桶也装满后，先稍等片刻再将蜂蜜装罐。蜂蜜需要静置一段时间以便更好地保存。在这段时间里，您可以品尝和鉴赏一下这新鲜出炉的蜂蜜。

蜂蜜从摇蜜机中被分离出来后是否应该加热呢？每个养蜂人的做法不同。我个人觉得加热它是违背自然规律的做法。

事实上，蜂蜜中含有的淀粉酶有助于消化。如果过度加热，这些酶就会被破坏，蜂蜜会失去活性，那些功效自然也被破坏了。

我呀，我喜欢好吃的蜂蜜。

注意，加热蜂蜜有两种不同的做法！
1. 巴氏消毒法：在一定时间内加热蜂蜜，控制温度在 70℃至 80℃之间。这可以防止蜂蜜结晶和发酵，因此它能保证蜂蜜的稳定性，使其适合作为商品出售。
2. 35℃加热法：在这一温度下可以将蜂蜜装罐；蜂蜜的营养不会被破坏，因为 35℃正是蜂箱内的温度。

您可以在保证蜂蜜不会变质的前提下用不同方法加热。业余的养蜂人会用水浴法加热。有些半专业人士会选择去商店，购买经过改造后可以直接加热的摇蜜机。专业蜂农则会选择蜂具商店里各种各样的加热器具：蜜桶加热带、一次能加热 4 或 6 个蜜桶的烘箱以及一次能加热 6 个以上蜜桶的电热箱。

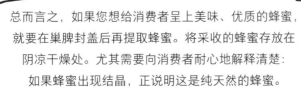

总而言之，如果您想给消费者呈上美味、优质的蜂蜜，就要在巢脾封盖后再提取蜂蜜。将采收的蜂蜜存放在阴凉干燥处。尤其需要向消费者耐心地解释清楚：如果蜂蜜出现结晶，正说明这是纯天然的蜂蜜。

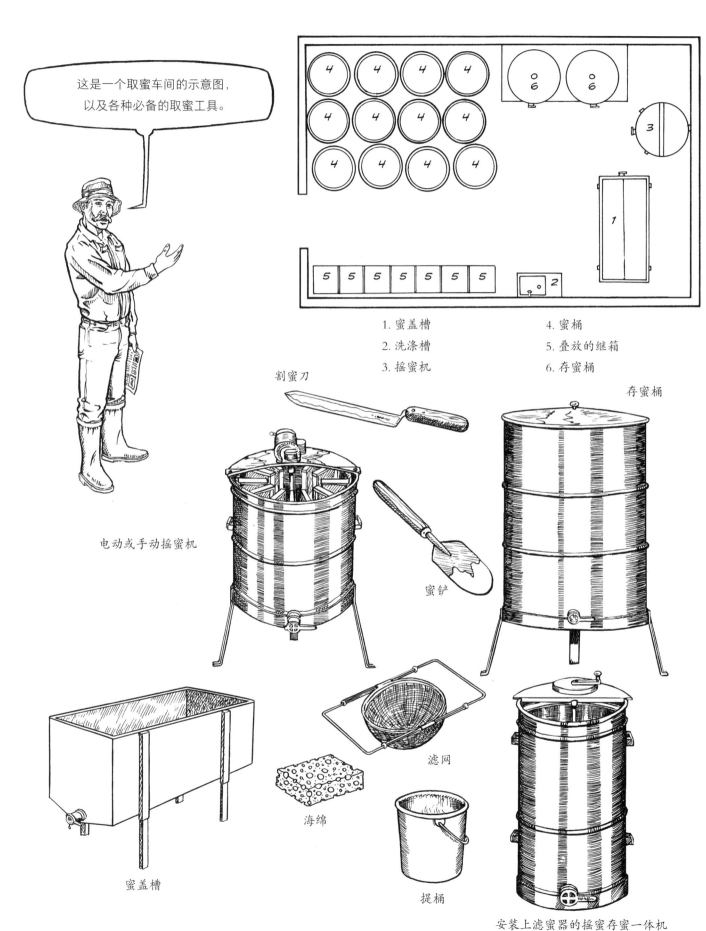

这是一个取蜜车间的示意图，
以及各种必备的取蜜工具。

1. 蜜盖槽　　　4. 蜜桶
2. 洗涤槽　　　5. 叠放的继箱
3. 摇蜜机　　　6. 存蜜桶

割蜜刀

存蜜桶

电动或手动摇蜜机

蜜铲

蜜盖槽

海绵

滤网

提桶

安装上滤蜜器的摇蜜存蜜一体机

蜜盖槽

您可以自制一个蜜盖槽来打发冬天的闲暇时间，蜜盖槽是取蜜车间里的重要设备，制作起来非常简单。

制作所需材料：
- 做支架的木条（杉木或杨木），厚 27 毫米。用于制作支架（A 和 E）和支架脚（A+）；
- 槽两侧的镀锌铁皮（B）；
- 铝皮（C），
- 铁丝网（网眼直径 3 或 4 毫米）（D），
- 8 个螺栓，8 个蝶形螺母，
- 垫圈，
- 4 个螺纹道钉用于固定斜面（C）。

制作支架时，需要把每根木条的相接处削薄一半，以半叠接的方式紧密粘合后用钉子钉牢，然后把镀锌铁皮钉在框架外侧（E）。制作滤网（F）时，用 20×20 毫米粗的木条先做一个框，接着如图所示扣上一面铁丝网。

这是另一款蜜盖槽，同样很容易制作，只需用到一块木板条（厚 27 毫米，宽 200 毫米）。这个尺寸能同时装下约 10 个巢框。

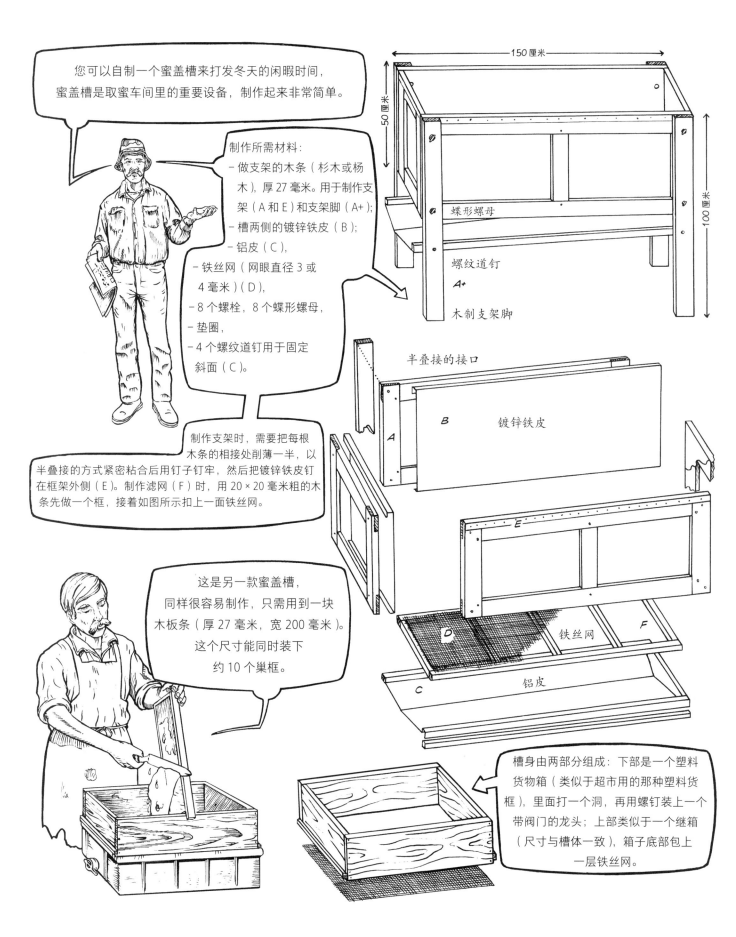

150 厘米

50 厘米

100 厘米

蝶形螺母

螺纹道钉

A+

木制支架脚

半叠接的接口

镀锌铁皮

B

A

E

铁丝网

D

F

铝皮

C

槽身由两部分组成：下部是一个塑料货物箱（类似于超市用的那种塑料货框），里面打一个洞，再用螺钉装上一个带阀门的龙头；上部类似于一个继箱（尺寸与槽体一致），箱子底部包上一层铁丝网。

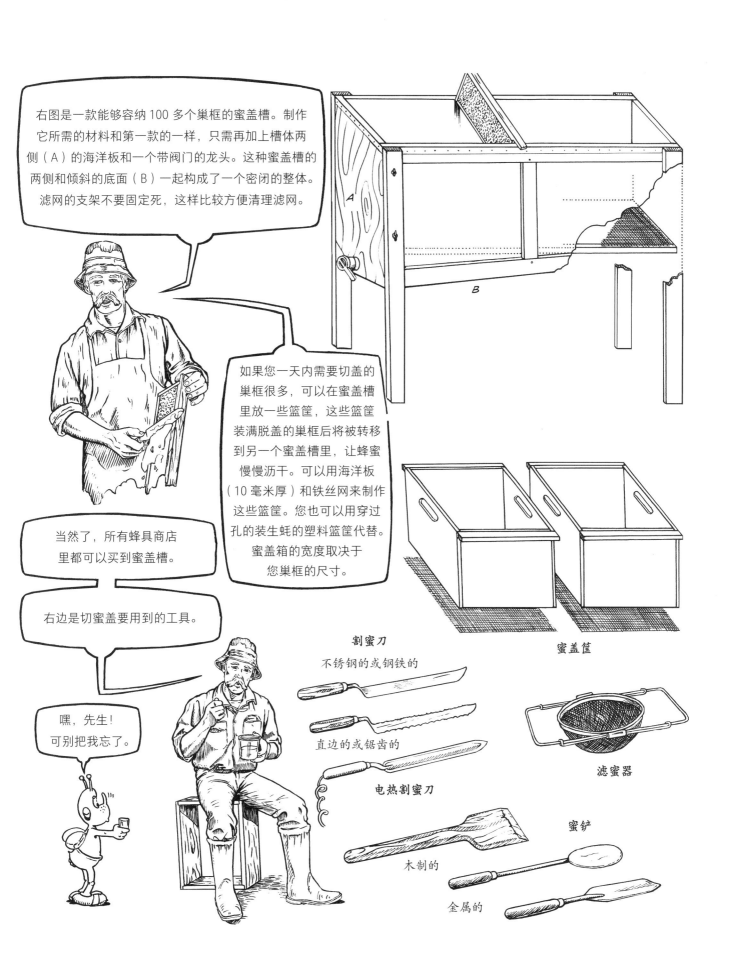

右图是一款能够容纳100多个巢框的蜜盖槽。制作它所需的材料和第一款的一样，只需再加上槽体两侧（A）的海洋板和一个带阀门的龙头。这种蜜盖槽的两侧和倾斜的底面（B）一起构成了一个密闭的整体。滤网的支架不要固定死，这样比较方便清理滤网。

如果您一天内需要切盖的巢框很多，可以在蜜盖槽里放一些篮筐，这些篮筐装满脱盖的巢框后将被转移到另一个蜜盖槽里，让蜂蜜慢慢沥干。可以用海洋板（10毫米厚）和铁丝网来制作这些篮筐。您也可以用穿过孔的装生蚝的塑料篮筐代替。蜜盖箱的宽度取决于您巢框的尺寸。

当然了，所有蜂具商店里都可以买到蜜盖槽。

右边是切蜜盖要用到的工具。

嘿，先生！可别把我忘了。

蜜盖筐

割蜜刀
不锈钢的或钢铁的
直边的或锯齿的
电热割蜜刀

滤蜜器

蜜铲
木制的
金属的

秋季作业

一年中最后一次检查蜂箱作业要在10月15日前完成。您还是要选择一个天气晴朗的日子去蜂场完成这项工作。

这次查看的主要目的是确保蜂群有足够的粮食过冬。草编蜂箱需要至少8千克蜂蜜、不同式样的箱式蜂箱需要10至15千克蜂蜜以保证充足的储粮。

以前的蜂农会把掏空了内脏的鸟的尸体放在蜂箱里，这样蜜蜂可以躲在羽毛下取暖。当储存的蜂蜜吃完后，它们就会分食这些鸟，只剩下骨头。现在可不用再这么做了！

别忘记装上巢门挡，防止蜜蜂的天敌们进入蜂箱。

我的蜂农朋友们啊，还记得吗？我们光吃树蜜可不能好好过冬啊！

一个蜂箱内的蜂群至少应该能覆盖5个巢框，如果数量达不到，建议把它和其他蜂群合并。如果您无法合并蜂群，也可以在蜂箱里放置与巢框尺寸相吻合的分隔板（一个既简单又保险的方法是用硬纸板把空巢框盖住）。这种给蜂箱分区的做法是一种缩小箱内空间以达到保温效果的简单措施。

向这位蜂农学学吧，给我们一小块冰糖能帮助我们更好地越冬，来年春天也可以充满活力。

一份乐谱[1]？棒呆了，我们可以演奏音乐了！

您可以在蜂箱副盖上放一些黄麻布袋子或者直接用布袋代替副盖，来帮助弱群顺利过冬。注意要留出通风口。

1 法语中的"分区"同时有"乐谱"的意思。——译者注

重要提醒：蜜蜂怕湿胜过怕冷，因此您最好将蜂箱倾斜放置，巢门向下。保证良好通风（参见"准备过冬"和"制作蜂箱"两章）之后，您就可以不用担心水汽会进入蜂箱了。每当蜜蜂受到干扰时（撞击、强风、树枝等），它都会取食蜂蜜，随后再释放出碳酸和水蒸气。

细心地将蜂箱周围的杂草除去，确保通风良好。如果空气不流通，蜜蜂容易得痢疾，而这会导致它们食用更多的蜂蜜。

但是，箱内保持一定的湿度也是必要的，因为蜂群需要汲取水分来与结晶蜜混合。注意了：水分太多可能会结冰，从而导致蜂箱内部的温度降低。

是不是一定要把蜂箱的缝隙堵上？这要由蜂农自己根据所处的地区来决定。但是过度的防寒措施也有缺点，这会让蜜蜂对外部温度的感知变得迟钝，这样一来它们就无法享受春天的第一缕阳光了。

18世纪时，有些蜂农会将牛粪与生石灰以2：1的比例混合，用混合而成的灰浆填补蜂箱的缝隙，另一些蜂农则用稻草把蜂箱围住（这给老鼠提供了完美的藏身处）。20世纪初，在一些东欧国家，人们会把蜂箱放置在以稻草覆盖并配置有通风管道的地窖里。在加拿大，养蜂人把蜂箱存放在酒窖里或其他预先布置好的地方过冬。如今，法国的蜂农们会用塑料篷布包住蜂箱，还有些蜂农会把蜂箱四个一组放在一起，如右图。

别把空箱或有病群的蜂箱留在您的蜂场里。

如果所在地区常常刮大风，可别忘了在我们的屋顶上压一块大石头。

确认您的蜂箱都稳稳地放在了底座上、蜂场也打扫干净了之后，您就可以回家休息了。别忘了，蜜蜂在冬天需要休息。打扰蜜蜂对它们很不利……对您也一样。

制作冰糖

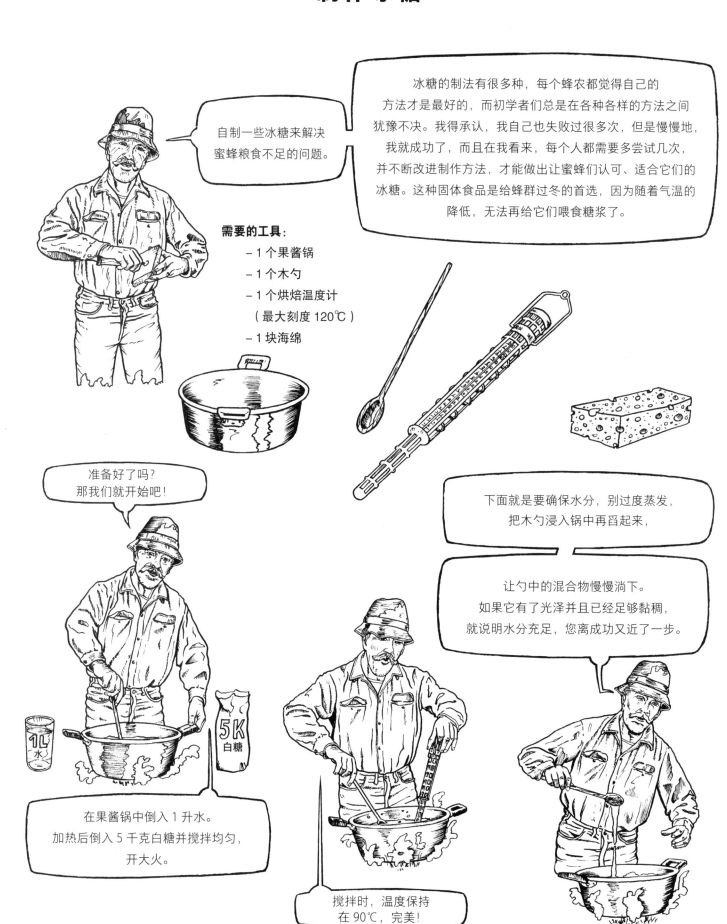

自制一些冰糖来解决蜜蜂粮食不足的问题。

冰糖的制法有很多种，每个蜂农都觉得自己的方法才是最好的，而初学者们总是在各种各样的方法之间犹豫不决。我得承认，我自己也失败过很多次，但是慢慢地，我就成功了，而且在我看来，每个人都需要多尝试几次，并不断改进制作方法，才能做出让蜜蜂们认可、适合它们的冰糖。这种固体食品是给蜂群过冬的首选，因为随着气温的降低，无法再给它们喂食糖浆了。

需要的工具：
- 1 个果酱锅
- 1 个木勺
- 1 个烘焙温度计
  （最大刻度 120℃）
- 1 块海绵

准备好了吗？
那我们就开始吧！

下面就是要确保水分，别过度蒸发，把木勺浸入锅中再舀起来，

让勺中的混合物慢慢淌下。
如果它有了光泽并且已经足够黏稠，就说明水分充足，您离成功又近了一步。

1L 水

5K 白糖

在果酱锅中倒入 1 升水。
加热后倒入 5 千克白糖并搅拌均匀，
开大火。

搅拌时，温度保持
在 90℃，完美！

千万别像我一样，
别让锅里的液体溢出！

注意！锅内温度很快就能攀升到110℃，
糖浆的泡沫很容易溢出锅。为了防止它溢出，
拿一块湿海绵沿着锅内壁擦拭，直至接近浮沫层。
这时保持煮沸状态，继续加热到117℃（尽可能把温度计
挂在锅边，让它浸入液面下，这样也避免您一直拿着）。
到达118℃后关火，不然的话这冰糖就"做砸了"。

接下来向锅中加入1千克提前用
隔水锅加热过的蜂蜜。接着静置冷却
混合物，冷却过程中千万别搅动它。

当液体温度降得足够低了以后，
用木勺用力搅拌直至其不再透明
并且微微发白。中间千万别停，
否则您的冰糖就会变硬。
之后把液体倒入模具。

哇哦！是冰糖！

搅拌好后立刻
倒入模具。

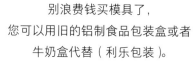

别浪费钱买模具了，
您可以用旧的铝制食品包装盒或者
牛奶盒代替（利乐包装）。

一个理想的冰糖模子：
剪成两半的牛奶包装盒

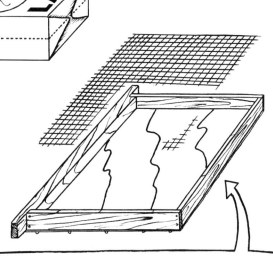

您也可以把冰糖液体倒入一个底箱的巢框中，
巢框的一面要用纤维板封好。
放入一块铁丝网帮助冰糖凝固。

您只需要把做好的冰糖
放在蜂箱副盖上即可。

建议您前几次可以少做一点。
随着您的技术越来越好，
就可以自行判断需要做多少冰糖了。
制作冰糖时，尤其注意要充分、
快速地加热。

或者！……如果还是不想自己动手，
您可以去蜂具商店里买到冰糖，
不过我还是要推荐一个非常简单
且蜜蜂不会拒绝的食谱
（它既不算冰糖也不是糖浆）。

先生，先生！我能
尝尝您的冰糖吗？

一个蜂箱所需的量：
在约 250 毫升水中加入 1 千克白砂糖。
加热后得到非常黏稠的糖浆。
接着加入糖粉搅拌均匀。混合物
变浓稠之后即可倒入模具。
当您觉得时机成熟时，就把这道
美食端给蜜蜂们吧。

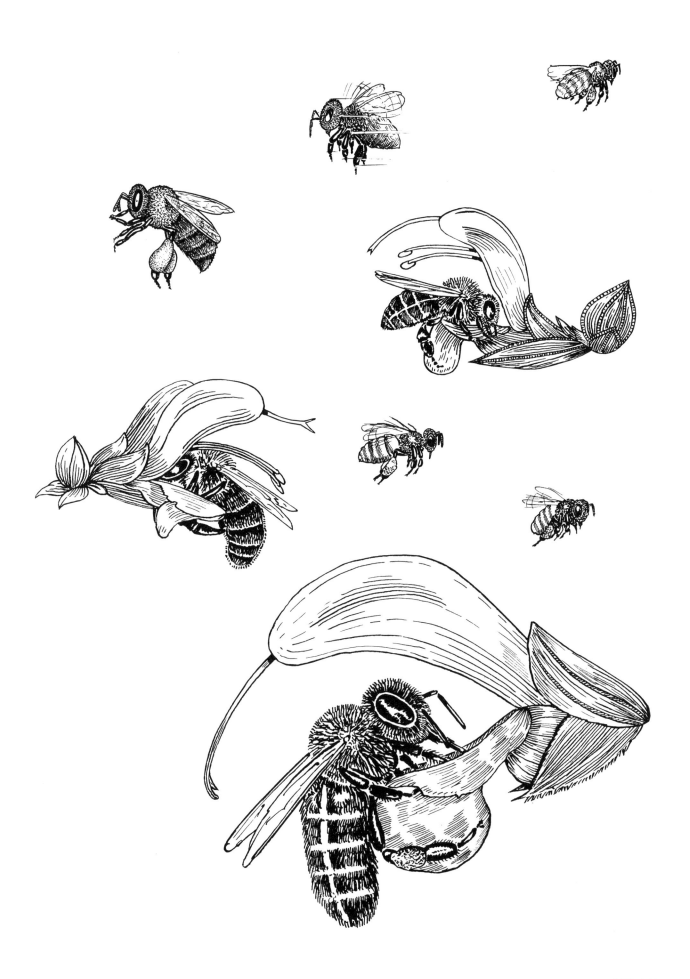

太晚的喂食

即使天气仍然晴朗，到了秋末也不要再给蜂群喂食了。我把时间交给我的小蜜蜂朋友，它一定解释得比我清楚。

时候到了，我们该为过冬做准备了。许多年老的采蜜蜂都死去了，我们也会把蜂群中剩下的老工蜂赶出巢。

我们的数量大大减少，如果太晚喂食，我们将没有足够的时间在寒冬来临前消化、转化和储存食物。正如您所知道的，过冬的储粮还有一部分要分给孕育中的蜂儿。所以太晚的喂食没什么意义，它会扰乱我们的常规活动。我呀，过冬没问题，我找到了一个特别暖和的地方可以待着！

如果蜂群很弱，那么喂食冰糖要优于糖浆。在您最后一次查看蜂箱时，把冰糖块放在副盖上（或者巢框上）。

如果您在深秋还给我们喂食蜂蜜糖浆，要小心了！我们很有可能会感染痢疾……

有人

我的老天啊，让我先到厕所！

准备过冬

此时，您已经选择秋高气爽的一天去蜂场完成了最后一次检查。您很欣慰，您已经确保蜜蜂的粮食充足，它们可以顺利过冬，不用担心挨饿了。如果发现蜂群的囤粮不足，只需要给它们一份较黏稠的糖浆即可。

解决了它们的粮食问题，我们来看看蜂箱外面。把可能堵住巢门的灌木丛剪去，把那些在大风天会不停敲打箱体的树枝修剪掉。

别忘了给蜂箱装上巢门挡，因为您一定不会希望各种鼠类窜进去吧。您可以自制木制巢门挡（A），也可以前往养蜂用品商店购买多种款式的金属巢门挡（B）。

随着冬季邻近，养蜂人要格外小心。冬天到来之前，您需要对蜂场悉心照料，这样蜂群在来年春天才会既健康又充满活力。冬季如果出现蜜蜂大量死亡，很可能是食物不足造成的。

一个达旦式蜂箱里的蜂群平均要消耗 15 至 20 千克蜂蜜，而一个朗氏蜂箱的蜜蜂则消耗 12 至 15 千克。如果您担心冬天太漫长、食物的储量不够的话，可以给它们喂一块冰糖。蜂群会非常感激您的。

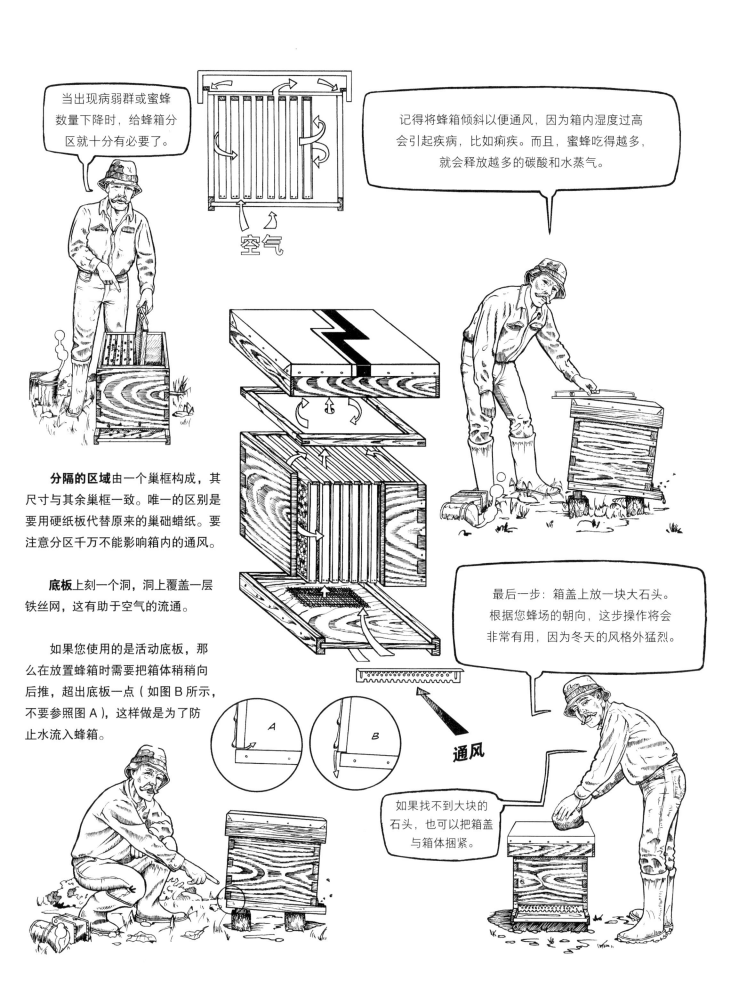

当出现病弱群或蜜蜂数量下降时，给蜂箱分区就十分有必要了。

空气

记得将蜂箱倾斜以便通风，因为箱内湿度过高会引起疾病，比如痢疾。而且，蜜蜂吃得越多，就会释放越多的碳酸和水蒸气。

分隔的区域由一个巢框构成，其尺寸与其余巢框一致。唯一的区别是要用硬纸板代替原来的巢础蜡纸。要注意分区千万不能影响箱内的通风。

底板上刻一个洞，洞上覆盖一层铁丝网，这有助于空气的流通。

如果您使用的是活动底板，那么在放置蜂箱时需要把箱体稍稍向后推，超出底板一点（如图 B 所示，不要参照图 A），这样做是为了防止水流入蜂箱。

A

B

通风

最后一步：箱盖上放一块大石头。根据您蜂场的朝向，这步操作将会非常有用，因为冬天的风格外猛烈。

如果找不到大块的石头，也可以把箱盖与箱体捆紧。

冬季查看蜂场

为了保证蜜蜂们顺利过冬，您应该已经给它们留下了足够的口粮。
蜜蜂的储粮越多，它们吃的就越少。反之，如果存粮不足，
它们很快就会把食物都吃光。如果一个蜂群抱团的直径在 15 厘米以上，
并且所处的蜂箱内壁厚实，基本上能保证顺利过冬。
一些蜂农建议使用双层或三层内壁的蜂箱。

这时候可别把
一只小蜜蜂晾在
外面哦！

我个人更喜欢单壁的蜂箱，
这样的话，当天气晴好时，
箱内可以更快地升温。

蜂箱应该朝向妥当，注意避风，并且装上巢门挡。
箱内保持一定比例的较低湿度可以促进蜜蜂吸收蜂蜜。
蜜蜂通常在 12℃ 至 14℃ 之间食用蜂蜜。所以想象
一下冬天它们该有多难熬吧！

+5°

−30°

总之，要知道单壁蜂箱和双壁蜂箱内部的
温差其实很小，大约 2℃。蜂群在冬天能否存活
主要取决于食物是否充足。通常蜂群在零下 30℃
也能存活，有些品种甚至能承受更低的温度，
但一只离群的蜜蜂在 5℃ 就会死亡。

我们现在来看看冬季蜂群在蜂箱里会有哪些活动。
蜜蜂们会分为几组，气温降到18℃时，"蜂团"最边缘的蜜蜂
开始振动翅膀。随着振翅的沙沙声，蜜蜂们开始吸食蜂蜜，
使得蜂箱内温度回升。这样来回几次之后，吃饱了的蜜蜂会
把位置让给来自蜂群中心的蜜蜂。多么有组织、有纪律的小蜜蜂啊！

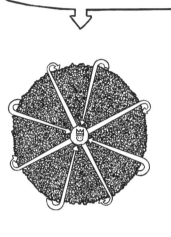

当本属于不同蜂群的蜜蜂发现无法
回到各自蜂箱的时候，它们会重组聚在一起，
以获取保持生命活动所必需的热量。冬季里，
尤其是在寒冬，要避免在蜂箱周围制造噪声。
仅仅是清理巢门这一项小工作，都有可能打扰
蜜蜂休息，导致蜂群消耗过多蜂蜜。要知道，
储粮可不能过快被消耗掉，万一春天来得晚就
糟糕了。还记得吗，蜜蜂平均冬眠6个月，
一个蜂箱（达旦或朗氏的）所需的越冬储粮
在12至20千克之间。

每个国家的蜂农会采取不同的措施帮助蜜蜂越冬，
这是由不同的气候条件决定的。在美国，有些蜂农会把蜂箱放入酒窖。
在加拿大，人们把蜂箱以4个或6个为一组，分别放入
一种可拆卸的箱子里，箱子上的开口与巢门相对。

以前许多养蜂人都喜欢用淤泥和
动物粪便的混合物把蜂箱的缝隙填上。
他们还会给我们一些掏空了内脏的动物尸体，
这样如果没有食物了也能以此充饥。

如今，有些蜂农会把继箱留
在底箱上，我们可不喜欢，因为
这样会导致我们室内的温度降低
好几度（2℃至3℃）。您可能会说，
这也没几度呀？但是，就这么几度，
对我们小蜜蜂来说可是非常重要的。

如果您的蜂场位于气候温和的地区，并且冬天已经接近尾声，那么请选一个天气晴朗的日子来查看蜂箱吧。轻轻地敲击蜂箱一侧，如果能听到翅膀快速振动的沙沙声，就说明一切都进展得很顺利。

趁着这个机会清理巢门，这样蜜蜂在春天第一次外出时就可以畅通无阻了。

在最寒冷的地区，降雪可能会堵住巢门。注意不要清除巢门底板上的积雪，因为您这善意的举动却可能解散抱团的蜂群。如果非要清理的话，一定要小心点，动作要轻。

冬季很漫长，您觉得蜜蜂们食物不够了？可以在副盖上放一块冰糖，动作还是要轻柔。

好吧！很不好意思，但是冰糖在召唤我了。

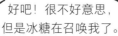

干净的底板

几年前，蜂农们不一定要定期清理蜂箱的底板。但自从瓦螨病出现以来，每个蜂农都必须保证蜂箱底板的清洁，以便能插入一块检测瓦螨的抽板。

这个抽板是一个铺好塑料网或金属网的木框。

您一定发现了，蜜蜂们总喜欢用蜂蜡在底板上和巢框下搭建巢房。此外，蚂蚁们会把腐殖土和各种残渣带入箱内；与此同时，蜂巢本身会有碎屑脱落。所有的这些残渣碎屑堆积在一起，最后就会导致一部分底板被堵塞。

对于那些使用老式蜂箱（装有更小的巢门或者固定底板）的养蜂人，这是一个问题。如果蜂箱底板是固定的，建议您把底板锯下来。如果巢门口太小，您可以把开口扩大。使用活动底板更有利于您的养蜂活动。

这些是清洁底板需要用到的工具：一个木制刮刀、一个金属刷、一个焊枪、一个凿子和一个空继箱。一个标准规格的蜂箱需要准备一两个备用底板。

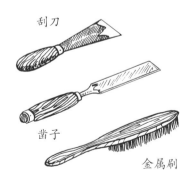

刮刀

凿子

金属刷

气焊枪

冬季的多项作业

冬天在蜂场的工作暂停了，不过蜂农还不能完全松懈下来。因为这时候他们需要总结一下养蜂的情况、清点所有的材料用具，同时，如果有需要的话，还要查阅养蜂产品目录以便准备订单。

蜂农的工作还不止于此。他们需要填写一份表格上交给卫生部门、为蜂箱续保，当然了，还要续订一份养蜂杂志。

冬天也是重新粉刷蜂箱卫生号牌的理想季节。这些标在木牌上的号码能使您的蜂箱得到重视。如果卫生员发现您隔壁蜂场的蜜蜂感染了疾病，有了您竖在蜂场的这些号码牌，他就会及时采取预防措施。

在漫长的冬日里，检查蜂场——当然了，前提是不要打扰蜜蜂——也很必要，并且对蜜蜂和您都是有益的。还有，如果您还没把您的蜂具洗干净，也可以利用这段时间来完成。

春季查看蜂场

此时，春天的草木刚刚发出新芽，第一批花朵也刚刚开放，您需要做的工作还不多。尽管如此，去蜂场查看一次还是非常有必要的。依旧是挑一个晴朗的日子，去检查一下喂水器的状况，看看邻近的植物状况如何。确保您蜂场的号牌清晰可见。

蜂场
卫生号

这段期间，大量的蒲公英花粉和一些周围植物的飞絮会引起蜂箱中的激烈动静，如果发现有这种情况，可以先把巢门清理一下。

检查蜂箱外侧：是否有鼠类造成的裂缝和小洞，巢门有没有被堵住，底板是不是很脏，等等。如果蜂箱口布满了蜂蜡碎屑和树叶，说明蜂箱已经被老鼠给占了。箱内的蜂群一定是个弱群，蜂后要么死了，要么就是太年老了。甚至有可能蜂箱已经空了。您要立刻处理掉这样的蜂箱，因为它很有可能将疾病传染给别的蜂群。

不要在蜂场里停留太久，以避免干扰蜂群的活动。检查完成后，建议您记录下每个蜂箱的名字以及收集到的关于它们的一切信息。

检查蜂箱时，别忘了先在巢门处喷一点烟，通知蜜蜂们你来了。轻轻敲击蜂箱一侧，如果能听到短促的振翅声，说明蜂群很健康。如果能看到蜜蜂在进巢时足上布满了花粉，飞出的时候又很迅速，说明蜂群一切正常：蜂后正在产卵！

AVRiL

您可以再给蜂群喂一点冰糖或者糖浆，但是，为了防止盗蜜发生，注意一定要少量。

制作糖浆

给蜜蜂们喂食糖浆以刺激食欲。

糖浆，由蜂蜜或糖（有时是两者混合）制成，十分受蜜蜂们的欢迎。秋天，我们用糖浆喂食蜜蜂，是为了让它们好好过冬。因此糖浆要足够浓稠，以尽可能减少蜜蜂为蒸发水分而做的振翅通风工作。而春天喂食的糖浆是为了促进蜂王产卵，因此相对较稀，这样可以为蜂儿成长提供必需的水分。您也可以将普通糖做成转化糖，只需要添加酒石酸或醋即可。

配方一（春季）：7 千克糖、4 升水。

配方二（秋季）：5 千克糖、2 升水、1 千克蜂蜜。

市面上不同式样的饲喂器

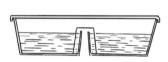

英式饲喂器原理

副盖饲喂器原理

浸过蜂蜡的木制副盖饲喂器

塑料巢框饲喂器，其中的铁丝网就像小梯子可供蜜蜂上下爬行、取食。这种饲喂器可以用巢框制作，两侧包上纤维板，整体要浸一层石蜡。

两种塑料的饲喂器

上：洛罗饲喂器

右：英式饲喂器

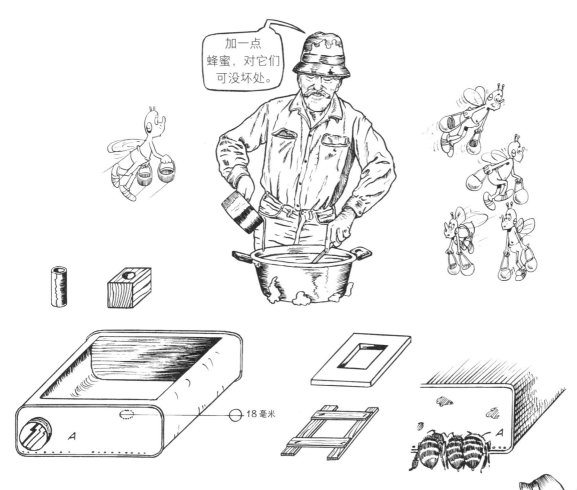

加一点蜂蜜，对它们可没坏处。

18毫米

您知道吗？如果准备1升糖浆，蜜蜂会把0.9升的糖浆都储存起来，只食用剩下的10%。是啊，所有工作都会有回报的。

自制一个非常简单的饲喂器

　　取一只空油桶，割开较宽的一面，接着用锯木屑（非常好用）把桶内清洁干净。用一个冲头在桶中心打一个直径18毫米的洞，洞口粘钉一个正方体木块，上面预先刻好一个相同大小的洞；或者用一小段聚氨酯黑料管替代正方体木块，保证管的直径与洞口一致。至于浮子的话，用一块聚苯乙烯板或钉在一起的木头角料就能做成。将您的饲喂器放在副盖上，然后倒入糖浆。

　　其他方法：取一只空油桶，仔细清理干净。用尖头物体在桶顶下部（A）戳几个洞。装满糖浆后捏一下油桶以排出空气。将油桶平放在副盖上，静心等待。一会儿蜂群就会来油桶这儿一个挨着一个品尝蜂蜜，看起来就像并排吸奶的小猪。

分蜂期

春天来啦！春暖花开，田野里遍布着各种各样的鲜花，树木们也都精心装扮了自己。花粉和花蜜的香气弥漫在空气中，慢慢地飘入了蜂箱底板。蜜蜂们再也按捺不住了。就在这充满希望的季节里，我们开始感受到分蜂的狂潮即将来临。业余或专业的养蜂人都迫不及待地想要看到这个令人欢欣的时刻——蜜蜂们数量激增或纷纷开始勤劳地工作。

出现哪些情况需要分蜂？

1.蜂群的数量庞大而蜂箱的空间相对有限，蜂后已经没地方产卵了；

2.空气不流通，箱内温度过高；

3.雄蜂数量过多；

4.箱内已经装满蜂蜜了；

5.我曾经观察到，蜜蜂和其他动植物一样，在经历一个严冬之后，出于生存本能会主动分蜂，如果冬天很温和，就不会出现这种现象。

正如我们的朋友所说："分蜂出现越早，蜂群质量越好，分蜂规模越大，蜜蜂越能吃饱。"

看看这分蜂飞出的蜂群多美啊！这是初次分蜂，由老蜂后带着一群工蜂和雄蜂飞出原蜂巢，再建一个新巢。通常它们的蜂巢会搭在距离原巢几米远的地方。二次分蜂则是由一只处女蜂后带领着蜂箱里剩下的一部分蜜蜂飞出，这导致原蜂群数量继续下降，年轻的蜂后毫无顾忌，更加野性，会选任何地方搭巢，因此这批分蜂更难被驯服。很多蜂农都不屑捕获这二次分蜂，因为它在蜂群数量中所占比重不大。

我们不会空着手走的！我们要把花粉、蜂蜜和蜂蜡带走。

有些业余蜂农舍不得放弃每一个分蜂的小蜂群的话，我会建议他们在迷你蜂箱中放入两个巢框，一个布满蜂卵，另一个装有食物，这样能够促进分蜂群的生长壮大。

为了避免分蜂对蜂农造成损失，有一个祖传的方法直到今天还被蜂农们广泛使用：将已受精的蜂后剪去一侧翅膀，这能够防止蜂后在分蜂期带领蜜蜂们飞逃。这个方法叫剪翅。

每位养蜂人都有权追踪分蜂后的蜂群并将其收回。如果它们把新家安在了一片私人领地中，养蜂人则应当先征得土地所有人的允许，再进入别人的场地将蜂群收回。

您的分蜂期发生在4月至6月之间。

建议您在11点至16点间出门查看。

在我观察分蜂的这几年里，我发现蜜蜂是非常聪明的。既不是蜂后也不是工蜂们独立决策，而是蜂群的每位成员都在参与讨论。一个分蜂群是一个为集体利益思考、生存和行动的整体。例如，如果它们意识到蜂群的规模太小了，就会一起假装飞逃，蜂飞形成的漩涡会把其他蜂巢的工蜂和雄蜂们吸引过来。这一行为将被不断重复，直到蜂群觉得规模足够大了为止，在这之后就会进行真正的分蜂飞行了。

我们的蜂农朋友们一直在用各种有用没用的方法，想在分蜂飞行中抓住我们。有些会敲击锅或桶来模仿雷鸣声，还有些则扔泥土或者沙子，甚至喷水，就是想让我们安置下来。

他以为这样就能抓住我们！

如果您不住在蜂场附近，或者不能每天前往蜂场查看，下面提供的几个建议可以避免失去大量分蜂的现象。

要收回分蜂，有一种效果最好的陷阱是在蜂箱背后放一个浸有老蜂蜡和蜂胶气味的"篮子"，用支撑物将其固定在距地面 2 至 3 米高的位置。分蜂期来临前，至少提前 3 周放上这种陷阱。

另一种回收分蜂的方法是使用迷你蜂箱。如果您的小蜂箱还很新，建议您用蜂蜡和蜂胶涂抹它的内壁。您也可以使用百里香、密里萨香草或香茅来涂抹。小蜂箱内部放入有巢础无蜂蜜的巢框（对于养蜂初学者来说，就是装有巢础蜡纸的巢框）。

布置好小蜂箱后，就可以把它放在距离蜂场几米远的地方了，最好是放在树荫下，要么直接放在地上，要么也可以放在高处。

用一个木桶或硬纸箱（装洗衣粉的那种）也是可以的，将一块旧巢块固定在桶底。

用支撑物将其固定在蜂场内，要与地面保持一定距离。

收回分蜂所需工具：

- 一架梯子
- 一个修整剪
- 一把锯子
- 一块白色床单
- 一个喷烟器

当我们将分蜂（尤其是二次分蜂）重新引回蜂箱时，蜂群的数量每天都会减少。如果初次分蜂的蜂后在安置好后的几天即开始产卵，则我们需要等待 3 至 4 周的时间才能看到新破茧的蜜蜂出生。因此，蜂农应当给分蜂提供足够的食物，以保证之后的操作顺利进行。别忘了，一定要提前采取措施预防盗蜜。

收捕分蜂

根据地区的不同，分蜂期通常发生在 5 月和 6 月之间。

收捕分蜂难道不是一种既简单又经济的增大蜂群规模的方法吗？

如果您住在乡村，可以说是非常幸运了。不过也要做好心理准备，因为您需要收捕的可能是安扎在地上或挂在树杈间的蜂群。

如果您还没有一个分蜂箱，那就必须自己动手做一个了，它非常实用而且是必不可少的。您应当根据您蜂箱的规格来制作，宽度为蜂箱宽度的一半。

提前准备通风装置（类似于食品柜所用的那种网纱），网纱外侧固定两根橡皮筋，这样当分蜂进入的时候，能够插入一块硬纸板，用这个技巧能给分蜂箱内部遮光。

用快速搭扣（A）把箱顶和底板固定在分蜂箱体上。

制作分蜂箱的材料要轻，比如胶合板。

根据从箱子上面还是下面收捕分蜂，搭扣 A 可以迅速把 a 或 b 部分与箱体分离。

好了，现在蜂群已进入箱子里。把箱盖盖上，如果您不打算立即把它们放回蜂场，就可以把分蜂箱放在树荫下。

这时候分蜂群都粘在箱盖上，把它提到蜂箱上方，然后使劲拍一下，让它掉入箱内。

有两种方法可以让蜂群回巢，供您选择。第一种方法：先把蜂箱中间的几个巢框撤下。接着，小心地揭开分蜂箱的搭扣，稍稍提起箱盖……

第二种方法：此法没有第一种快，但是景象更为壮观。在您的蜂箱前铺一块白布，然后让分蜂群落上去。慢慢地，蜂群就开始向蜂箱挪动，最终全部进入蜂箱。仔细观察的话，您还可能发现蜂后。

喂，你看到蜂后了吗？

繁殖蜂群

这是一种十分简单的方法，适用于养蜂初学者或者"周末蜂农"，即没有很多时间照顾蜜蜂的那部分人群，它能够有效繁殖蜂群而不需冒太大风险。这个方法就是要把一个十框蜂箱内的蜂群一分为二，重新分配布满了蜂卵、蜂蜜、花粉以及蜜蜂的巢框。阳光明媚的春天里最适合使用这个方法，这时候雄蜂被孵化了，蜂群的数量也适中。

现在就来操作一下。您需要提前准备两个空的迷你蜂箱（5框或6框）。

把母蜂箱搬下来，换上两个小蜂箱。如果无法挪动母蜂箱，也可以把小蜂箱直接放在它的前面（别忘了操作之前要喷烟通知一下小蜜蜂们）。

把母蜂箱中的5个巢框一个一个地抽出来，放入其中一个小蜂箱，注意动作一定要轻缓。重新放置巢框（以及上面的蜜蜂）时，要按取出来时的顺序放，具体操作时，可根据情况有所调整（比如碰到位于箱边的蜂卵巢框）。

转移完成后，给小蜂箱盖上一块帆布或有铁丝网的副盖。然后给第二个小蜂箱重复刚刚的操作。

在小蜂箱前面放一块白布，
摇晃大蜂箱把余下的蜜蜂倒在白布上，
然后尽可能把空的蜂箱拿远一些。

如果在分箱的过程中没有看到蜂后的身影，稍等片刻，
看看接下来会发生什么。其中一个小蜂箱里的工蜂们变得
躁动不安，它们跑来跑去开始寻找蜂后，您能听见它们振翅的
沙沙声：这群蜜蜂失王了。而在另一个小蜂箱里，负责通风的
工蜂们呼唤伙伴们全部回到蜂箱：这表示蜂后在里面。

嗯，要小心！
这个规律也不是绝对的。

此时，把蜂后所在的那个小蜂箱的巢门关闭。
之后将它搬上车，运往 3 千米以外的另一个蜂场。

如果您没有其他蜂场，建议您把这个小蜂箱
安置在树荫下，晚上之前不要再挪动它。这样蜂群
可以有足够的时间自行适应，当您夜里再次打开箱盖时，
工蜂们就不会全都往原来的地方飞了。

A 号小蜂箱，
能听到我说话吗？
蜂农 B 走了，你们
可以出来了。

失王的小蜂箱放在原地不动，已经吸引了许多工蜂。
在失去蜂后的 24 小时后，工蜂们会搭筑一个或多个王台。
您可以选择任其自然发展：会有多个候选的蜂后诞生，但最终
只有一个能存活，而且通常都是最强的那一个。您也可以在王台
搭成后几天人为干预这个过程：只保留一个或两个王台，
当然是要选择看起来最漂亮的，接着将其余的王台都清除。

通常要等待一段时间后，新蜂后才会
产卵，等待期有时会很长，如果不想
等的话，您可以购买一只蜂后将其引入
蜂箱（参见"引入蜂后"一章）。
同时这种方法也可以
更新或优化您的蜜蜂品种。

如果您的蜂群非常强盛，完全可以把它分配到三个小蜂箱里，
操作方法还和之前一样，但是巢框需按照以下步骤来布置：
第一个小蜂箱：3 个巢框（蜂卵、蜂蜜、花粉），
再加 1 个取自其他蜂箱并装有蜂蜜的巢框；
第二个小蜂箱：4 个巢框（蜂卵、蜂卵、蜂蜜、花粉），
再加 2 个取自其他蜂箱并装有蜂蜜的巢框；
第三个小蜂箱：3 个巢框（蜂卵、蜂蜜、花粉），
再加 2 个取自其他蜂箱并装有蜂蜜的巢框。

别忘了给我们喂吃的。在这一年里，
请把我们安置在有分区的蜂箱中，
保证我们有充足的活动空间。

好啦！现在休息一会儿。
可以给蜜蜂喂一点儿食，
同时防止盗蜜发生。

人工分蜂

在蜂箱中引入蜂群或是为蜂群更新换代都会令一部分蜂农很头疼，有的是因为购买现成的带分蜂的巢框成本过高，还有的人是因为季节不对无法收捕分蜂。

对此，人们有不同的解决方法，有好的有坏的，有可靠的也有坑人的。有些初学者容易被无聊的科普文章和令人讨厌的示意图所误导，我也非常能够理解他们。当我们真正走入蜂场、与蜜蜂打交道时，这完全是另一回事！我这里有一个非常简单、不用太动脑筋且见效很快的方法。

可怜的贾斯通啊，他待在这儿两天不动了。

那……我该干吗呢？

看看这个小家伙吧……

准备一个空蜂箱 B，里面装上 9 个巢框，全部铺好巢础蜡纸。选择一个装满蜜蜂和蜂卵的蜂箱 A。再选一个蜂箱 X，保证蜂群数量足够大，且箱内有各个年龄段的蜂儿。

转移蜜蜂

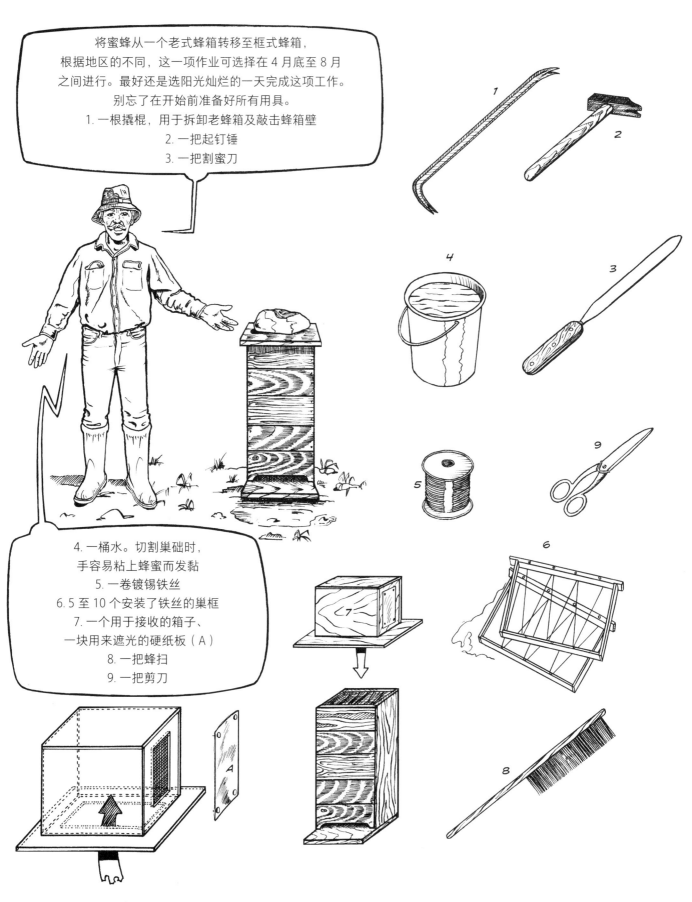

将蜜蜂从一个老式蜂箱转移至框式蜂箱，根据地区的不同，这一项作业可选择在4月底至8月之间进行。最好还是选阳光灿烂的一天完成这项工作。别忘了在开始前准备好所有用具。

1. 一根撬棍，用于拆卸老蜂箱及敲击蜂箱壁
2. 一把起钉锤
3. 一把割蜜刀

4. 一桶水。切割巢础时，手容易粘上蜂蜜而发黏
5. 一卷镀锡铁丝
6. 5至10个安装了铁丝的巢框
7. 一个用于接收的箱子、一块用来遮光的硬纸板（A）
8. 一把蜂扫
9. 一把剪刀

打开老式蜂箱的箱盖，
用接收箱（7）盖住蜂箱顶。
转移的过程包含两个步骤：
1. 轻轻敲击蜂箱
2. 切割巢础

轻轻敲击蜂箱：向老蜂箱喷烟，让里面尽可能多的
蜜蜂飞入接收箱中。当您观察到蜜蜂们开始向上转移时，
可以用撬棍敲击老蜂箱壁来鼓励它们。

几分钟后，轻轻地抬起
接收箱，您就能看到蜜蜂们
在箱顶形成了抱团状。

培育蜂后

我不想在这里用长篇大论来讲解培育蜂后的技巧，也不想像令许多初学者晕头转向的课程一样，用难懂的算术和示意图讲一节课。我的目标是为您提供一些简化的方法来给蜂群更换蜂王，或采集蜂王浆供您自己食用。

以下是四种自然培育蜂后的方法：
1. 等待分蜂期到来时收回王台
2. 通过减少蜂后的产卵蜂房来诱导分蜂
3. 放一块隔王板将蜂箱分成两部分
4. 把蜂后拿走，"强迫"蜂群重新培养出蜂后

成功培育蜂后的重要条件：

– 充足的食物

– 拥有大量青年工蜂的优质蜂群

– 适宜的外部温度（18℃以上）

– 在春季培育

我要向您推荐的第一种简单的人工方法，来自米勒博士（Dr. Miller）。它的操作步骤是把一片巢础蜡纸剪成4块三角形的"诱饵"，并将它们放入一个空巢框中（如图）。用蜂蜡将它们固定在巢框上。

按照上图的方法，剪继箱的蜡纸可以一点都不浪费哦，摆放的位置参见左图。

第二种操作方法如下：
取一个铺有巢础蜡纸的巢框
放入适合的蜂箱中。

同样地，
喂食是必不
可少的程序。

破坏蜂巢的方法，
每三排破坏两排

当巢框布满蜂儿时，将其取出，平放在桌上或木板上
（这一步也可以在您的车辆中进行）。然后用一根
小木棒捣毁一部分蜂房（蜂儿），具体操作是：先横向，
每隔一行蜂房划一下，再纵向每隔一列划一下（如图）。
接着，把这个巢框平放在另外两个空巢框上。

将 3 个巢框叠放在一个（塑料或
胶合板的）蜂箱副盖上，把副盖的
中心挖空，挖去的尺寸与巢框一致
（如图）。在它们上面放一个
空继箱，最上层覆盖一块布，
为蜂箱保温。

这个方法十分简便，
并且之后得到的
王台数量充足、
形状美观。

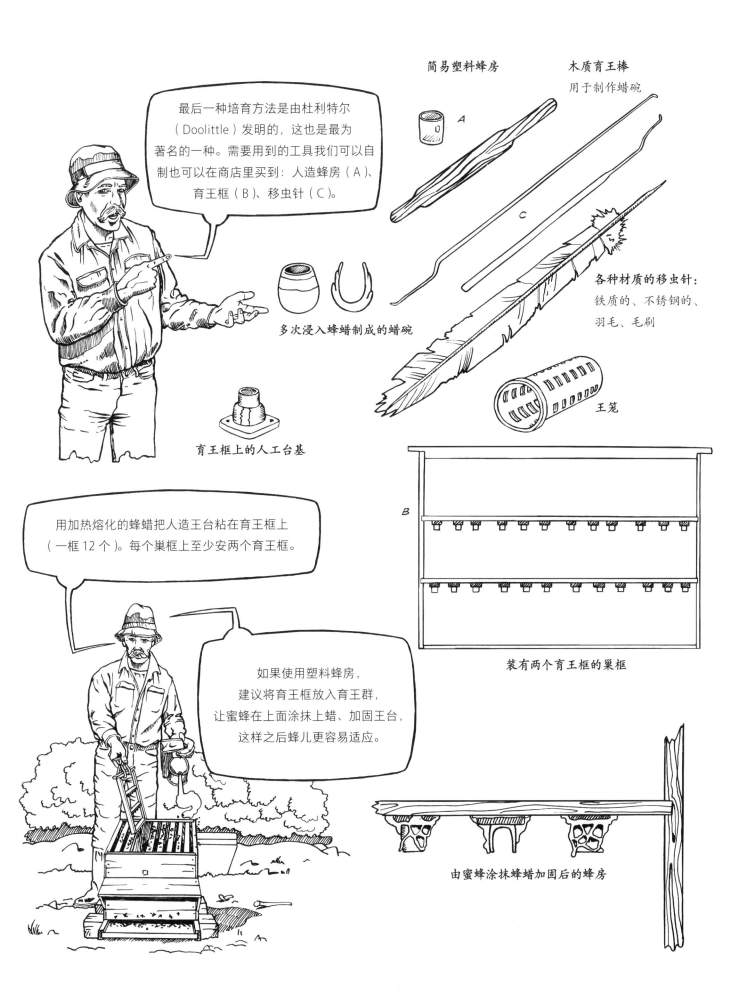

简易塑料蜂房

木质育王棒
用于制作蜡碗

最后一种培育方法是由杜利特尔（Doolittle）发明的，这也是最为著名的一种。需要用到的工具我们可以自制也可以在商店里买到：人造蜂房（A）、育王框（B）、移虫针（C）。

A

C

多次浸入蜂蜡制成的蜡碗

各种材质的移虫针：
铁质的、不锈钢的、
羽毛、毛刷

王笼

育王框上的人工台基

用加热熔化的蜂蜡把人造王台粘在育王框上（一框 12 个）。每个巢框上至少安两个育王框。

B

装有两个育王框的巢框

如果使用塑料蜂房，建议将育王框放入育王群，让蜜蜂在上面涂抹上蜡、加固王台，这样之后蜂儿更容易适应。

由蜜蜂涂抹蜂蜡加固后的蜂房

一两天后，将育王框取出，此时它已经被蜜蜂所接受了。
取一个强盛群中的巢框，框上布有蜂儿（没有工蜂）。
以上操作尽量在偏僻处进行。温度不宜低于 20℃，
但是如果操作时间很长，请不要在大太阳下进行，
因为在强烈阳光下幼虫会变干。

× 卵 × 幼虫 × 封盖

移虫：转移蜂卵或孵化不到
24 小时的幼虫。

面向巢框，将蜂儿
移入人造王台。

如图所示用移虫针
取出幼虫。

将育王框平放在桌上或膝盖上。小心
地将布有蜂儿的巢框面向您摆放。轻轻地
使用移虫针从蜂卵或幼虫下方挑起，再将
其按原来的姿势放入人造王台中。如果第
一次没有成功，最好换一只幼虫。重复上
述操作直至所有王台都装有幼虫。

移虫时可以保持
王台干燥，也可以在
王台内加入少许蜂王浆。
必须说明，蜂农巧妙的
手法是保证操作成功的
重要因素。

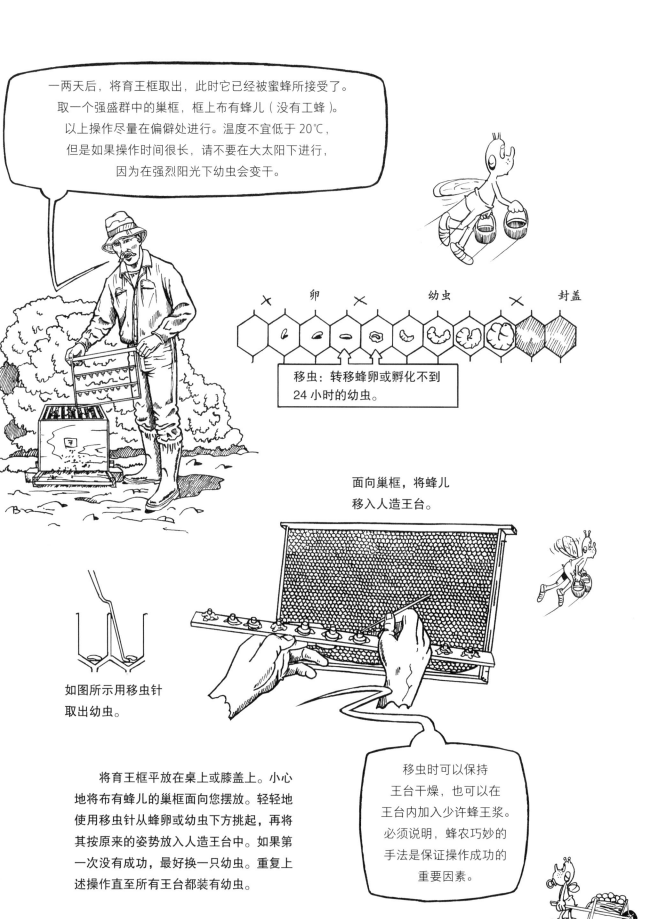

将您的育王框放入一个蜂群
强盛的蜂箱，需提前 4 天左右
取走该蜂群的蜂后。

喂食。

别忘了还有一种来自德国的
"无需移虫"技术，它的效果很好，
几乎不需要什么别的操作。可以向您的
养蜂用品商店询问相关信息。

您现在只需要等待。

蜂后出台之前，您应当把每个
王台放入一个需要换王的蜂群，
或放入受精专用小蜂箱。

引入蜂后

您的蜂群处于失王状态、您想要更换蜂后，又或者您想换一个新品种来饲养——这是通常引入新蜂后的三个原因。

您有两种获取蜂后的方式：
1. 自己培育蜂后。
2. 如果您希望更换蜂后，此时就面临选择的困境：选贴小广告的还是有口碑的。后者更加靠谱，因为它依赖的不是品牌名声，而是养蜂人的好技术。

如果您选择购买一个或多个蜂后，商家会把它们放在这种王笼（A）（通常为"邦东王笼"）中寄送给你。根据需要，它的上面会被打上 3 或 4 个洞，这不仅是为了便于运输，更重要的是为了保证蜂后的存活。在小型王笼中，会有 6 到 10 只工蜂陪伴蜂后；在大型王笼中，则有 10 到 15 只工蜂。第一个洞中会放入冰糖，这样做既是为了给蜜蜂喂食，又可以堵住王笼的出口。

我建议您用这种王笼来介绍蜂后。请注意，成功率并不是百分之百。无论使用哪种方法都有可能失败，失败的原因包括：蜂农操作不当、新蜂后过于害怕、喷了过多的烟、在蜜源缺乏期介绍新蜂后、天气不好，等等。如果您用手指来引入蜂后，就可能让它"遭受围攻"。

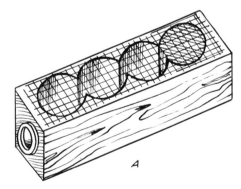

A

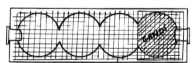

为什么蜂后会被围攻呢？它是如何被围攻的？

首先要知道，您的蜂群失王的时间越长，引入新蜂后的成功率就越低，原因是剩下的年老工蜂是最具有攻击性的。相反地，工蜂和蜂后越年轻，诱入蜂后成功的概率也就越高。只要外来的蜂后表现出害怕或释放出不寻常的气味就足以引起一只老工蜂的攻击，从而引发其他老工蜂的致命的"蜂怒"。此时，被激怒的蜂群会将新蜂后围住，使其窒息而死；这无情的怒火具体表现为工蜂将蜂后团团围住，形成一个蜂团，这就是"围王的蜂团"这一说法的来源。如果您目睹到这一现象，可以对着蜂团喷烟或者把它丢入水中，这样可以让蜂团散开并能救起蜂后，如果还不算太迟的话！

在介绍蜂后之前，请先确认您的蜂群处于失王状态，且蜂箱中既没有王台也没有产卵工蜂。否则，新蜂后不会被蜂群接受。

如果您只是想更换蜂后，这里有一种简单高效的方法：将老蜂后关入王笼中，放入蜂箱过一夜。之后换上新蜂后，它会带上老蜂后留在王笼里的气味。

无论采取何种方法，建议您都要在引入蜂后前把陪伴蜂后的工蜂先取出。

下面是第一种操作方法，提供给想要自己培育蜂后的蜂农。将您的王笼在室温下的水中浸湿，这是为了防止蜂后飞逃。将蜂后放在一个巢框上，巢框内布有新生的蜂儿。用一块 10×10 厘米的铁丝网（B）把蜂后罩住。接着把巢框放入失王的蜂群中。2 至 3 天后，将蜂后从铁丝网中放出，在这期间青年工蜂已经给蜂后喂食了，这就说明新蜂后已经被蜂群所接受。

10 厘米

10 厘米

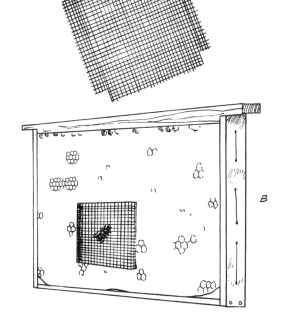

B

第七种方法：缩小巢门，仅留出 3 厘米的开口，对蜂箱内部喷几下烟后将巢门完全关闭几秒钟。之后重新打开巢门，留出 3 厘米开口，接着"发送"新蜂后，再喷几下烟。再次关闭巢门。等待几分钟后，您的蜂箱就拥有新蜂后了。

第八种方法：最后这种方法是最广泛使用的一种。将王笼的塞子（冰糖一侧）拔去，再把王笼放入两巢框之间（C）。工蜂们会舔食冰糖，最终释放出它们的新蜂后。

我的蜂农朋友，如果想要确保我被成功引入蜂群，请至少等待 8 天，在这期间不要打扰蜂群哦。

现在该您来引入蜂后啦。祝您好运！

C

合并蜂群

对新手来说，有时候很难舍弃一个弱群，只能看着它的蜜蜂数量越来越少。但是，饲养一个弱群需要和饲养强群一样的工作量，但收益却少之又少。因此，通常我们会选择在秋季将两个弱群合并，因为秋天时再更换蜂后就太迟了。

合并蜂群也有许多方法。这里我推荐的是最简单快捷的，因为复杂的方法并不总能收到预期的效果。

选择傍晚进行这项操作。喷烟量需要比平常略多一些，因为要保证蜜蜂在我们工作时保持平静：烟会促使它们拼命地取食蜂蜜，这样可以减弱它们的攻击性。

为了保证成功率，最好是合并邻近的两个蜂群。如果您想要合并的蜂群隔得很远，但在同一个蜂场内部，您可以每天晚上将其中一个挪动一些，一点点靠近另一个蜂箱。而如果想合并的其中一个蜂群在另一个蜂场（两者相距3千米以上），那就直接把它转移过来吧。

操作的过程非常简单：取一张报纸垫在其中一个蜂箱上面，在报纸上戳几个洞，接着放上另一个蜂箱的底箱（当然不要带底板）。之后，工蜂们有一整夜的时间混合气味，充分熟悉彼此。

几天后，取出两个底箱中无用的巢框，并把装有蜂儿的巢框重组，一起放入下方的底箱。

别把空蜂箱丢在蜂场里。

无论选择哪种方法，只要您把最弱的蜂后撤下，换上我——新蜂后，一切都会非常顺利的。（参见"引入蜂后"一章）

工蜂产卵群

通过蜂箱内外的各种迹象，您会发现蜂箱中的工蜂开始产卵。这一现象一年四季都会出现，但在冬末或分蜂之后尤其容易出现。

箱外的主要迹象：

- 工蜂在巢门口的骚动
- 蜂群发出不规律的沙沙声
- 蜜蜂带来的花粉减少或不再携带花粉

箱内的主要迹象：

- 打开副盖喷烟后，蜂群发出异常的、暴躁的嗡嗡声
- 巢框上只有雄蜂幼虫

有三种原因可能导致这一现象：

1. 蜂后所产的都是未受精卵，因其贮存的精子用完了。而这有可能是蜂后年龄过大、意外、疾病或寒冷的天气引起的。
2. 蜂后是处女蜂，还未受精。
3. 一只或多只工蜂取食了供给蜂后的食物，促进了它们卵巢的发育。于是它们开始产异常的卵（有时每个蜂房产 2 至 3 个卵），这些蜂卵未受精，会发育成小雄蜂。

措施二：大部分操作同第一种措施一样，除了用来替换产卵工蜂箱的是一个装有弱群的蜂箱，而不是空蜂箱。

同样要用力摇晃蜂箱，之后将它挪走。普通工蜂会回到它们蜂箱原来的位置。

到这一步我们的操作就完成了。如果采取的是第一种措施，现在只需要等待蜂后出台；如果是第二种，那么等待小分蜂群的数量壮大即可。

如果您使用的是草编蜂箱或其他造型美观的传统式蜂箱，只需要在蜂箱上方放置一个转移箱，通过敲击让分蜂上升至转移箱中（详见"转移蜜蜂"一章），然后在距蜂场15至20米处将箱内的蜜蜂摇晃至一块布上，最后在原蜂箱的位置上放一个弱群蜂箱（老式蜂箱或现代蜂箱均可）。

蜂　蜜

现在我们来看看蜂箱中对于蜂农和蜜蜂最重要的产物：蜂蜜。
我们将重点探讨以下主题：蜂蜜的来源、生产、
成分，以及不同的种类。

开始前，先来回顾一下蜂蜜的发展历程

没有蜜蜂就没有蜂蜜！事实上，这种美味的食物只有蜜蜂才能酿出。旧石器时代的原始人就已经开始从蜜蜂那里偷取蜂蜜来充饥了（方式与熊有些类似），这在一些岩洞壁画上已经得到了证实。公元前 1600 年的一些资料显示，那个时代的儿童都在食用蜂蜜。您知道吗？古埃及人的陪葬品除了各种金银珠宝之外，还有蜂蜜。

养蜂业是从古希腊时期才真正发展起来的。之后随着蔗糖传入欧洲，蜂蜜失去了它的统治地位。到了拿破仑时期，伴随着法国实行的大陆封锁政策，甜菜糖被广泛使用。自那时起，蜂蜜越来越少出现在人们的餐桌上。

让我先来解释一下蜂蜜、
甘蔗糖和甜菜糖的区别。

从甘蔗和甜菜中提取的糖类成分中除了蔗糖还是蔗糖，也就是说它们无法直接被人体吸收。而蜂蜜的成分包含果糖、葡萄糖、维生素、矿物盐、微量元素和淀粉酶。糖，作为一种无生命的食品，能携带细菌，而蜂蜜作为有生命的食品则能抑制细菌生长，因为它含有一些破坏细菌的物质。

糖类

蜂蜜

蜂蜜从哪儿来？

　　我们追溯到最源头的地方。土壤、植物、昆虫，还有另外两个元素：阳光和水，它们五个共同构成了一个小型的自然加工厂。

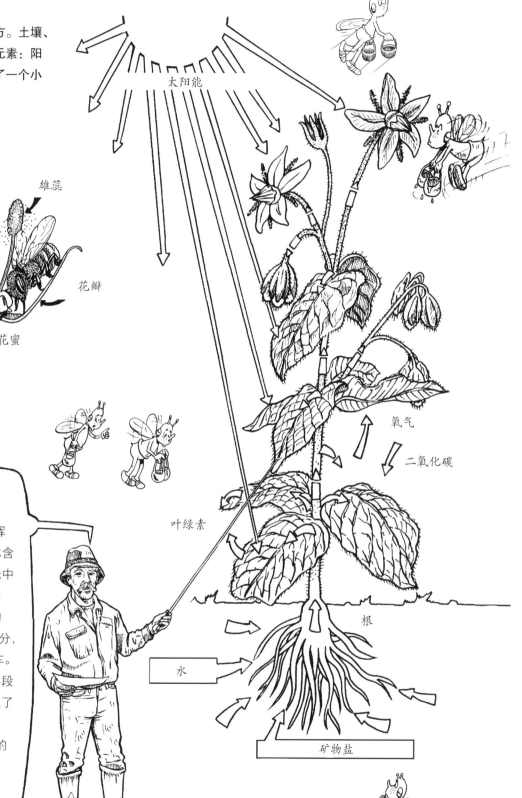

太阳能

雄蕊

蜜腺

花瓣

花蜜

氧气

二氧化碳

叶绿素

根

水

矿物盐

　　我们来看看这个工厂的"核心"——植物是怎么发挥作用的。植物叶子中的叶绿体含有叶绿素，能帮助它从太阳光中吸收能量。这一过程被称为"光合作用"。植物通过它的导管从土壤中吸取矿物质和水分，而它的茎就像运输养分的小车。为了传宗接代，植物依靠的手段之一就是开花结果。花朵穿上了最美的装扮来吸引蜜蜂，而花萼底部的花蜜是对蜜蜂的馈赠，以感谢它的到访。

仔细看我的小伙伴是怎么工作的。

这只工蜂发现了一朵美丽的花。

它停驻在花朵上，用蜂舌（或长吻）吸取一滴花蜜，此时的花蜜含有约 50% 至 80% 的水分。当蜜囊吸满蜜汁后，工蜂飞回自己的蜂巢。在返回蜂巢的途中，花蜜会蒸发掉一半的水分。此时已经形成了高浓度的蜜液，同时，工蜂咽部的腺体分泌出的液体被加入其中，再混合淀粉酶，通过将蜜液混合物在咽喉与蜜囊之间来回地吞吐，蜜汁就被转化成了蜂蜜。

返回蜂巢后，工蜂通过肌肉收缩将蜂蜜吐在一个蜂房中，随后再次外出采蜜，直到整个蜂房装满蜂蜜为止。待蜂蜜的含水量降低至 15% 到 20% 时，蜂房会被覆上一层薄薄的蜡盖。

洋槐
✿ 5月至6月
▭ 呈液体
△ 浅色

油菜花
✿ 5月至6月
▭ 黏稠
△ 浅色

驴食草
✿ 6月
▭ 奶油状
△ 白色

栗树
✿ 6月至7月
▭ 呈固体
△ 深色

三叶草和苜蓿
✿ 6月至7月
▭ 奶油状
△ 白色

✿ 花期　　　　　▭ 蜂蜜浓稠度　　　　　△ 蜂蜜颜色

我们已经品尝了花蜜，下面来看看树蜜或称森林蜂蜜吧。后者与花蜜的区别在于，它不是从花的蜜腺中提取出来的。树蜜是一种甜液，蚜虫和介壳虫将器官插入植物的组织，吸食植物汁液，最终分泌出的蜜露就是树蜜。蚜虫体内吸满了树液，有时它甚至能够吸食与自己同等重量的汁液。小昆虫们通过肠道肌肉收缩将过剩的汁液排出，这就形成了一大滴蜜露（树液在昆虫体内已经发生了细微的变化）。这滴蜜露最终滴落（有时昆虫甚至会用足来帮助其滴落）在植物的阔叶或针叶上（冷杉、橡树、枫树、松树、云杉，等等）。之后，蜜蜂们会采集成千上万滴这种蚜虫分泌的蜜露。尽管树蜜的味道很棒，也不要把它作为给蜜蜂过冬的饲料，因为它很可能会使得蜂群感染痢疾。

树液

这里列出了产树蜜的主要植物。

椴树	向日葵	熏衣草	冷杉	欧石楠
7月	7月至8月	7月至8月	夏季	9月至10月
呈糊状	较硬	稠腻	呈液体	黏稠
白色	金黄色	金色	黑色	红褐色

✿ 花期　　　□ 蜂蜜浓稠度　　　△ 蜂蜜颜色

在这块小白板上，您可以了解蜂蜜的成分及其主要功效。各成分比例仅为大概的数值，并且会根据地区和采蜜花源的不同而有所变动。

在介绍蜂蜜的各种包装之前，让我先来告诉您：目前，在法国有一些蜂农声称发明了蜂蜜的管状包装。这主意听起来很棒，但并不是什么创新。实际上，在 1950 年以前，约翰·霍金斯（John F. Hawkins），一位来自宾夕法尼亚州切斯特市的先生就已经在用管状包装销售蜂蜜了。

蜂蜜成分表

水 18% — 糖类 78%（果糖、蔗糖 1~2%）— 矿物质 —
微量元素 — 维生素 B1、B2、B3 — 消化酶。

蜂蜜的功效

补充能量 — 恢复元气 — 增强体质 — 抗菌 — 补钙。
根据花源的不同，每种蜂蜜都有自己特有的功效。

20 世纪初以来，蜂蜜的包装方式发生了很大的变化：从前人们在商铺里售卖一大块一大块固体的蜂蜜，商家用铁丝切下客人需要的部分，随后再把这块蜂蜜用硫酸纸包起来。

不知道您是否和我一样，每当我拿起一罐蜂蜜时，我总是忍不住想要品尝。啊，我给忘了！千万不要把蜂蜜放置在温度过高的地方，那样的话它会发酵的。

如今，为了保护环境，人们改变了蜂蜜的包装方式。市面上常见的包装有玻璃罐、塑料罐，还有涂蜡纸盒，这些容器的口部都配有一个密封盖，装饰着精美的图案。您在蜂具商店里可以买到这些包装，并且它们的选择非常多样化。

想要长期贮存蜂蜜，可以将它放在恒温 14℃ 的地方。如果您更喜欢液体的蜂蜜，可以用隔水加热法使它融化；注意，加热时水不能沸腾！（温度以把手放入水中不觉得烫为宜）

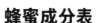

如何销售蜂蜜

收蜜作业进行中……当您几年前刚刚尝试养蜂时，可能还没有想过要扩大养蜂的规模。那时，您通常会把蜂蜜作为礼物送给邻里和亲友们，而如今收获的蜂蜜越来越多，是时候考虑如何储存它们了。

首先，我还是建议您将蜂蜜存于小罐中，送给朋友和邻居品尝。尤其别忘了准备几千克蜂蜜送给借养蜂场地给您用的场主。

他肯定会弄掉一滴蜂蜜下来的！

如果您的蜂蜜收成很好，那么您收集到的蜂巢蜡盖一定也会更多。怎么处置它们呢？

如果您既没有时间又没有相应的工具来熔化这些蜡盖，建议把它们洗净晾干后装入塑料包装袋中，然后带给您固定合作的蜂具供应商。供应商们把蜡盖熔化，按照市价将它们置换成蜡块或压花的蜡纸。您也可以选择自己熔化蜡盖，把它制成蜡块后送给顾客、合作商或当地的养蜂协会。

新的一季，您就可以用上香气怡人的新蜡纸了。

（参见"蜂蜡"一章。）

小心，它要倒了！

1 法语谚语原句为 "Revenons à nos moutons"（说回我们的羊上），此处作者将最后一个单词 "mouton"（羊）换成了 "bidon"（罐）。

蜂蜜水、蜂蜜饮料

蜂蜜水，即用蜂蜜制成的饮料，在古代十分受人们喜爱。
而如今它反而被冷落，或许是因为现在市面上饮料的选择太多
了。蜂蜜水分为几种：加入了精选酵母通过发酵制成的蜂蜜水以及
添加了花粉的蜂蜜水，以果汁（如葡萄汁）为主要配料的饮料是
无法上市的。这些蜂蜜饮料的口味也各不相同，主要看添加的
是葡萄汁、黑加仑汁、醋栗汁还是其他果汁。制作方法并不固定，
但各种配料的比例通常为每 10 升水含 2.6 千克蜂蜜，而加入的果汁
占所有配料的六分之一。我自己一般会用 7 升水配 4.5 千克蜂蜜，
再加入占所有配料六分之一的葡萄汁（也就是说，如果使用 40 升的
大桶制作蜜饮，就要加入约 7 升葡萄汁）。如果这是收获蜂蜜的
第一年，建议您选取少量成熟的葡萄制作您的"蜜酒"。只有在品尝
之后，您才能知道究竟是应该改进做法，还是可以保留配方。

您可以采摘自产或朋友种植的葡萄，
也可以去商店购买。

把葡萄压破皮，
让它静置发酵。

您可以利用等待发酵的这段时间来
读读养蜂杂志，补充相关知识。

当果汁发酵差不多完成的时候，按照传统配方，在一个桶里倒入 10 升水，另一个桶里倒入 2.6 千克蜂蜜，而我通常会用 7 升水配 4.5 千克蜂蜜。可以的话，尽量使用泉水。一段时间后，您就可以自行判断什么样的比例比较合适。

保持蜜水混合物在 75℃下加热一刻钟，目的是杀死里面的微生物和细菌。之后，让温度降至 20℃。

现在该把葡萄汁和蜜水倒入蜜桶里了。

摇晃木桶，让两者充分均匀地混合。之后的几天，让它静置发酵，然后按照和此前相同的比例加入水和蜂蜜。重复这一步，直到桶完全装满。由于发酵和蒸发都会使混合物的水分流失，一定要注意观察。为了解决这个问题，您可以在桶中加入蜜水或洗净的石子，它们可以把桶中所有的空间填满。

开始倒之前，先把要用的木桶仔细地刷洗干净。

放入蜜水或干净的石子，让木桶完全填满。

过量饮酒伤身，
饮酒需节制

不，不！不要提早喝您酿造的饮料哦，这会导致它最终的品质下降。有一些配方——尤其是把葡萄汁换成发酵花粉的那种——制成的蜜饮一个半月以后就可以品尝了。

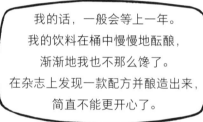

我的话，一般会等上一年。我的饮料在桶中慢慢地酝酿，渐渐地我也不那么馋了。在杂志上发现一款配方并酿造出来，简直不能更开心了。

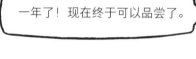

一年了！现在终于可以品尝了。

如果您对它的味道很满意，就可以将饮料装瓶了。记得要提前将瓶塞在沸水中煮几分钟。

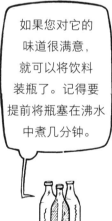

亲爱的朋友们，请你们来品尝我的劳动成果！我不打算出售这款饮料，只是单纯地想做给懂得品鉴的人们品尝。

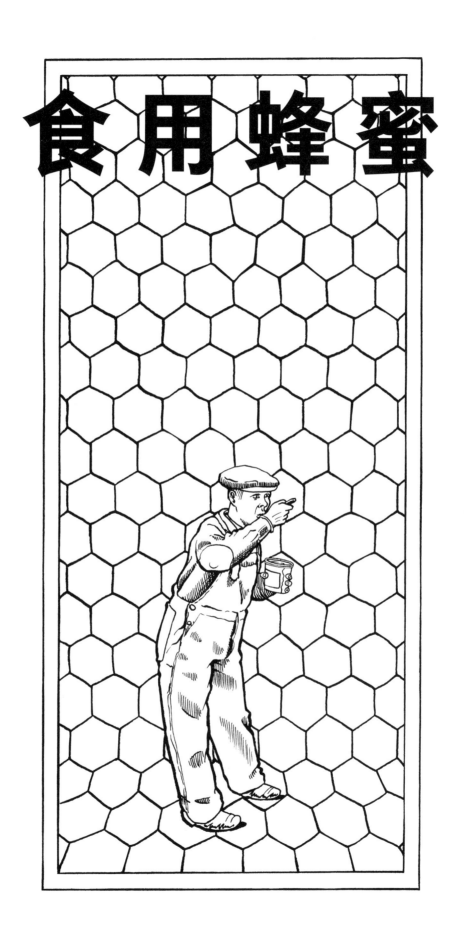

食用蜂蜜

花　粉

花粉位于花的柱头之上，有了它花朵才能受精。不同种类花朵的花粉粒形状各异（有球状、椭球状、正方体、棒状等）。花粉含有丰富的维生素（所有 B 族）和大量酶类，以及糖类、少量脂类、蛋白质、磷酸钙、磷酸镁、动物明胶以及苹果酸。

养殖蜜蜂的目的并不仅仅是生产蜂蜜。它还是给花朵传粉中重要的一环。采蜜蜂可以在花朵之间传授花粉，促进花朵完成受精的过程。尽管花粉对蜜蜂来说非常有用，甚至可以说是必不可少的，但对有些花粉过敏的人来说却并不是这样，这种对花粉过敏的反应通常被称为"花粉热"。具体症状表现为打喷嚏，在一些非常敏感的人群身上还会发展为哮喘症。

有些品种的植物如果没有蜜蜂传粉的话，将不能结出果实。所有的植物可以分为两大类：隐花植物和显花植物。我们要着重看一下第二类植物，因为第一类植物的部分器官是不显露在外的。以樱桃花为例，它的雄蕊和雌蕊长在同一朵花中，但是它无法自花传粉。蜜蜂采蜜时会将一朵花雄蕊上的花粉粒带到另一朵花的雌蕊上，授粉过程就这样完成了。多数品种的樱桃树（或者其他果树）也都无法自花传粉，它们要结出果实，就只能依靠传粉昆虫来帮忙了，蜜蜂就是其中一种。

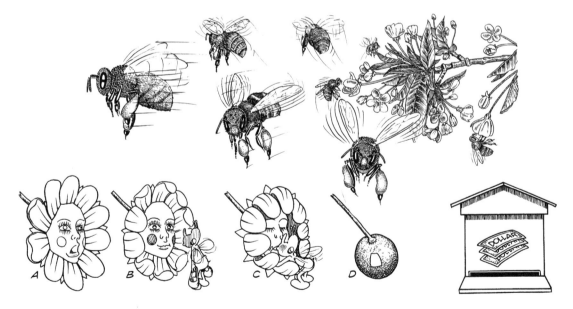

5月的一个清晨，一朵花用她最俏丽的花瓣妆扮了自己，她要吸引一只漂亮的采蜜蜂（A）。没过多久他们相遇了，蜜蜂被花朵的美丽折服，他来看望她，然后带着满满的花粉离开（B）。您觉得这是在偷窃吗？其实这只是一种交换，因为蜜蜂在把花粉带回蜂巢喂养蜂儿的同时，会让这朵花（C）结出诱人的种子或果实（D）。

在一些国家，比如澳大利亚或加拿大，农民会花钱请蜂农把他们的蜂箱搬进果园或菜园，以便给花朵授粉。

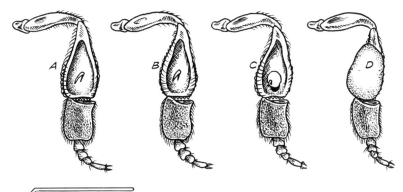

仔细观察蜜蜂的后足，这是它们用来运输花粉的器官。它的上部有一个小筐形状的凹槽（A）；周围生有长长的绒毛，绒毛的尖部是小爪一般的刺列（B）。在小筐的中间我们能看到还有一个小倒钩，采蜜蜂会把花粉堆在它周围（D）。中足上的刺钩（E）是用来将花粉球从花粉筐中取出的。

当蜜蜂觉得已经采集了充足的花粉时，它就返回蜂巢，把所有的收获都存放在一个蜂房里（1）。随后它把储存花粉的工作交给一只青年工蜂，自己再去采下一趟花粉；这只青年工蜂从蜂房底部开始堆放收集来的花粉团，直到整个蜂房都装满为止（2）。装满之后，它要把蜂房口用一层薄薄的蜜盖封住，这样可以防止花粉发酵。

让我们在蜜蜂采集花粉时观察它的足。它的前足能够从雄蕊上沾取花粉，随后它会用刺钩（E）、花粉梳（A）和小钳将花粉团装入后足的花粉筐（D）中。而在此之前，蜜蜂已经将花粉与花蜜混合，形成了一个个花粉团。这一系列动作都是在飞行中快速完成的。

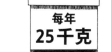

每年
25千克

一个中等大小的蜂群每年平均的花粉消耗量为 25 千克，而一个强盛蜂群的年花粉消耗量为 35 千克。

花粉是蜜蜂们唯一的蛋白质来源。

蜜蜂采集花粉的部分花源

榛子花（黄色） 2 月至 3 月	醋栗花（黄色） 4 月至 9 月	梨花（黄色） 4 月至 5 月	油菜花（黄色） 5 月	胡桃花（绿色） 5 月至 6 月	豌豆花（黄色） 6 月
鼠尾草（黄色） 5 月至 7 月	白蜡花（黄色） 4 月	蒲公英（橙色） 4 月至 5 月	栗花（红色） 5 月至 6 月	细叶芹菜花（白色） 5 月至 9 月	百里香（浅色） 6 月至 9 月
款冬花（黄色） 5 月至 7 月	荆豆花（黄色） 4 月至 10 月	雏菊（黄色） 4 月至 5 月	椴花（黄色） 5 月至 6 月	山楂花（红色） 5 月	栗花（黄色） 7 月至 8 月
婆婆纳（绿色） 3 月至 5 月	金雀花（黄色） 4 月至 10 月	草莓花（黄色） 4 月至 9 月	黑莓花（黄色） 5 月至 9 月	驴食草（褐色） 5 月至 7 月	接骨木花（红色） 7 月
黄杨（黄色） 3 月至 4 月	李花（黄色） 4 月	毛茛（黄色） 5 月至 6 月	鼠尾草（浅色） 5 月至 9 月	虞美人（黑色） 5 月至 7 月	三叶草（红色） 7 月至 9 月
番红花（黄色） 3 月	金钱薄荷（灰色） 4 月	苹果花（黄色） 5 月	苜蓿（黄色） 5 月至 9 月	欧石楠（浅色） 6 月至 9 月	牛蒡花（白色） 7 月至 9 月
玻璃苣（浅色） 4 月至 10 月	樱桃花（黄色） 4 月	洋槐花（黄色） 5 月	羽扇豆（黄色） 5 月至 6 月	蓝蓟花（黑色） 6 月至 7 月	常春藤（黄色） 10 月至 11 月

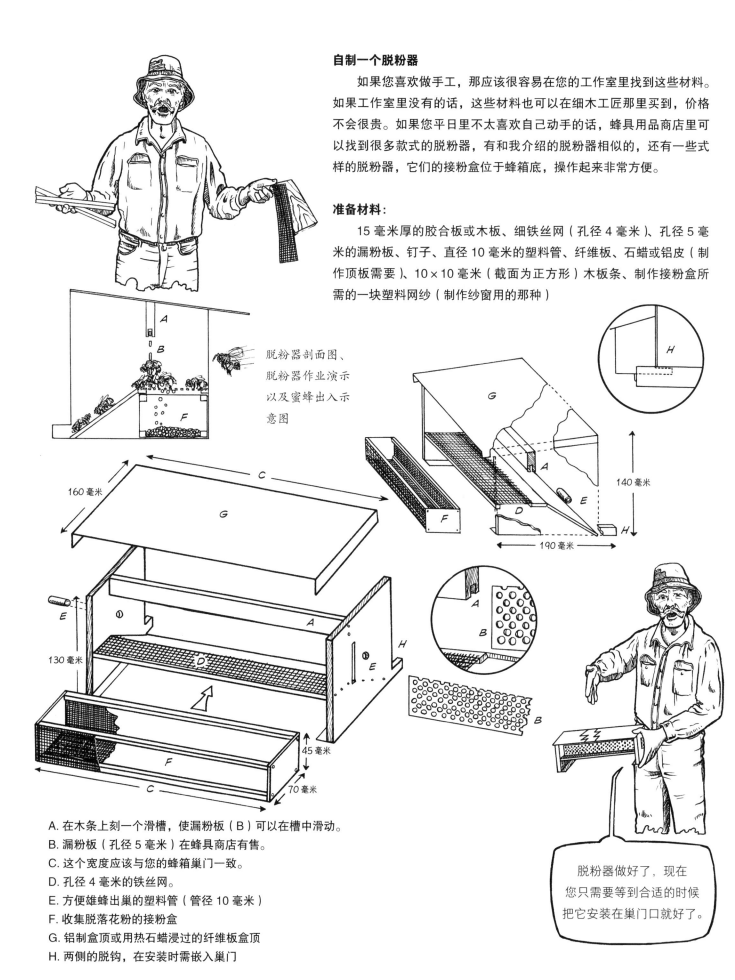

自制一个脱粉器

如果您喜欢做手工，那应该很容易在您的工作室里找到这些材料。如果工作室里没有的话，这些材料也可以在细木工匠那里买到，价格不会很贵。如果您平日里不太喜欢自己动手的话，蜂具用品商店里可以找到很多款式的脱粉器，有和我介绍的脱粉器相似的，还有一些式样的脱粉器，它们的接粉盒位于蜂箱底，操作起来非常方便。

准备材料：

15毫米厚的胶合板或木板、细铁丝网（孔径4毫米）、孔径5毫米的漏粉板、钉子、直径10毫米的塑料管、纤维板、石蜡或铝皮（制作顶板需要）、10×10毫米（截面为正方形）木板条、制作接粉盒所需的一块塑料网纱（制作纱窗用的那种）

脱粉器剖面图、脱粉器作业演示以及蜜蜂出入示意图

160毫米

140毫米

190毫米

130毫米

45毫米

70毫米

A. 在木条上刻一个滑槽，使漏粉板（B）可以在槽中滑动。

B. 漏粉板（孔径5毫米）在蜂具商店有售。

C. 这个宽度应该与您的蜂箱巢门一致。

D. 孔径4毫米的铁丝网。

E. 方便雄蜂出巢的塑料管（管径10毫米）

F. 收集脱落花粉的接粉盒

G. 铝制盒顶或用热石蜡浸过的纤维板盒顶

H. 两侧的脱钩，在安装时需嵌入巢门

脱粉器做好了，现在您只需要等到合适的时候把它安装在巢门口就好了。

在遍地花开的季节，采蜜蜂们携大量的花粉回巢，此时您就可以装上脱粉器了（不用装铁丝网）。但在蜜蜂采集花蜜期间就不要装脱粉器了，因为它会妨碍蜜蜂的进出。每个蜂箱每年收集的花粉量平均不要超过 2 千克。

您自己选择合适的一天来进行操作。早上，您把接粉盒装入蜂箱。到了晚上，把它取出时，您就可以好好享受那五彩缤纷的花粉呈现的视觉盛宴了（记得要打开铁丝网）。

将收集的花粉倒入一个容器中。这时候您可以尝尝这新鲜的花粉了。不过要注意，花粉含有过多的水分会使其发酵，滋生细菌。

如果短期内不打算食用花粉，就需要把它风干。那样的话，您可以把花粉倒在一张铁丝网上，然后使用一个干燥器把它烘干，就像下一页将介绍的那种一样。

花粉！

制作一个花粉干燥器

材料：

- 20×20 毫米的木条（截面为正方形）用于制作箱体支架和箱门，
  10×10 毫米的木条用于制作每层的抽屉框架
- 网纱，材质类似于蚊帐或防蝇罩

这个干燥器包含 5 层带网纱的抽屉，在抽屉上面，您可以铺薄薄的一层花粉，再把干燥器放置于通风良好的地方。如果天气不适合这种干燥方式，您可以使用一个低功率的恒温暖风机（1）。将暖风机放置距离干燥器约 40 厘米的地方。当花粉粒之间相互不粘结时，干燥工作就完成了。

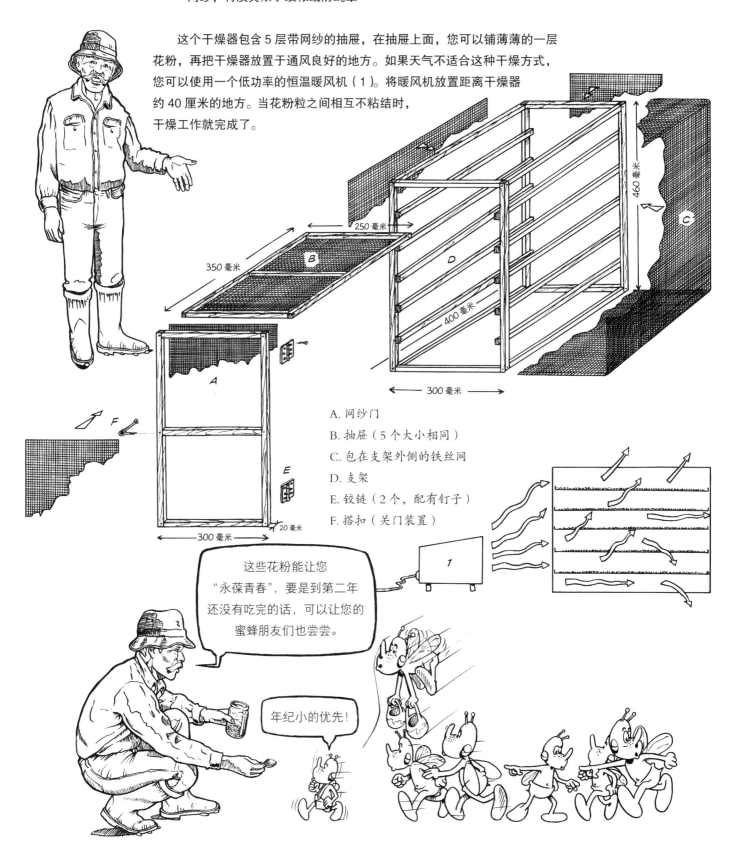

A. 网纱门
B. 抽屉（5 个大小相同）
C. 包在支架外侧的铁丝网
D. 支架
E. 铰链（2 个，配有钉子）
F. 搭扣（关门装置）

这些花粉能让您"永葆青春"，要是到第二年还没有吃完的话，可以让您的蜜蜂朋友们也尝尝。

年纪小的优先！

蜂王浆

我手上拿的这一个小瓶里装的就是 3 克的蜂王浆，它有着胶状质地，
颜色微白，味道微酸。蜂王浆，又称蜂乳，只有蜂后能终身食用蜂王浆，
同时幼虫在满 3 日龄之前也食用它（工蜂幼虫出生 3 天后体型能长大 1000 倍，
而蜂后幼虫在出生 5 天后能够长大 2000 倍）。

在以下三种情况下，蜂农可以收取蜂王浆：
1. 蜂后死亡；2. 分蜂（自然的或人工的）；3. 蜂农将蜂后取走，使蜂群失王。
出现以上任一情况时，筑巢蜂会在育有孵化未满 48 小时幼虫的蜂房基础上搭筑王台。
随后保育蜂就会前来给这些幼虫喂食蜂王浆，直到王台封盖。

为什么工蜂要搭筑王台呢？

　　蜂后的全身上下会分泌一种独特的物质。青年工蜂们会舔蜂后的身体，让身上也沾上这种气味，随后再让它在整个蜂群中散开。当这种以蜂后分泌物为主要成分的信息素散布在蜂箱各个角落时，筑巢蜂就不会搭建王台。相反，如果信息素减少或消失，筑巢蜂就会开始搭建王台，以便养育出新的蜂后来取代功能衰退或已经飞逃的老蜂后。同时我们注意到，如果蜂后产卵的能力下降，筑巢蜂也会搭建王台。处女蜂后和普通蜂后的分泌物是不一样的，只有工蜂才能区分两者。

这种"蜂皇粥"
是 5 至 14 日龄的青年
工蜂的上颚腺或咽下腺的
分泌物，这两种腺体在工蜂
的这一短暂的成长阶段
发育成熟……

……之后它们就会逐渐萎缩。
因此，工蜂只有在这期间
才会成为保育蜂。

咽下腺

咽下腺位于头部的左右两
侧；它由一串呈葡萄状的
腺泡组成。

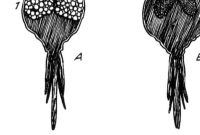

A. 保育蜂发育成熟的咽下腺
B. 成年工蜂萎缩的咽下腺

对于业余养蜂者来说，提取蜂王浆最简单的方法就是等待分蜂期的到来，分蜂期每年的具体时间有所不同，通常在4月至6月之间。在这段时期，您将在蜂箱里看到非常漂亮的王台，就像这样的。在查看过蜂群并确认它们的状态后，您可以决定是清除所有的还是部分的王台。这些被清除的王台将为您提供这个延年益寿的产品——蜂王浆。

如果想要取出更多的蜂王浆，蜂农会人为造成蜂群失王，要么杀死蜂后，要么暂时将它隔离。注意！一定要保持警惕，因为一旦工蜂们发现它们的蜂后不见了，筑巢蜂们就会立即开始建造新的王台。为防止这种情况的发生，您需要取出箱内原有的装有幼虫的巢框，然后装入提前准备好的采浆框，采浆框上的每个人造王台（蜡制、木制或塑料的）里已经移入小于2日龄的幼虫（可以把幼虫直接移入王台，也可以借助一滴蜂王浆移入）。3天后，王台里已经装满了蜂王浆，蜂农可以将采浆框提出了。取浆过程中需要使用刮刀或其他吸浆的仪器。

根据您的需要选取相应数量的人造王台，每个王台中大约含有200毫克蜂王浆。取浆后应立即将王浆放于经过消毒的小瓶中密封保存，并放于避光处，温度保持在0℃至5℃。

A. 王台和筑巢蜂（1）、保育蜂（2）
B. 放入幼虫的塑料王台

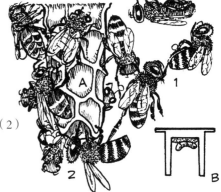

过来看看，这就是蜂王浆。

功　效

提神养颜
延年益寿
强身健体
调节平衡
焕发新生
愉悦身心

成　分

70%的水以及30%的其他物质，主要包含：蛋白质，碳水化合物，脂类，微量元素，氨基酸，维生素B1、B2、B3、B5、B6、B7、B8、B9、B12，维生素A，维生素C，维生素D，维生素E以及一定量的未知物质。

A B

3 日龄的蜂卵

我们以这两个蜂房为例见证一下蜂王浆的神奇功效，两个蜂房里放入了一模一样的两枚蜂卵。两只幼虫在孵化后的前三天里都被喂食王浆，在这期间它们的重量增长了 1000 倍。3 天之后，普通工蜂的幼虫（A）将被喂食以水、蜂蜜和花粉的混合物。由于一些特殊原因，幼虫（B）被选为未来的蜂后；它享受着保育蜂的悉心呵护，一直被喂以蜂王浆，王台中的蜂王浆能达到 1 厘米厚。这只未来的蜂后吸收着王浆，它的生殖器官迅速发育，这保证了之后它每天产卵能达 2000 个。

第四天：幼虫破卵而出。保育蜂在幼虫孵化出的前三天里给它们喂食蜂王浆。

三天后，给未来的工蜂喂食蜂蜜、花粉和水的混合物。

而未来的蜂后则一直享用蜂王浆。

蜂王浆的功效不止于此。这种极为珍贵的物质还是长寿的保证：通常一只工蜂在夏季的寿命为 4 至 6 周，冬季 4 至 6 个月，而蜂后的平均寿命则为 4 至 6 年。

我们再来看一下蜂王浆中一种重要成分：维生素 B5，或称泛酸，是人体进行消化吸收的必需物质。缺乏维生素 B5 会产生很多严重的后果：身心疲劳、肠胃消化问题、脱发、皮肤病、贫血，等等。蜂王浆中维生素 B5 的含量是目前已知天然产物中最多的。

VITAMINE B5

我也是，我要成为蜂后了。

一些实验室将蜂王浆投入多种用途的商品生产。因此它们呈现出的样式也不尽相同：有安瓿、胶囊、药片，还有各种美容产品。请好好享用吧！

关于蜂王浆储存的几点建议

一收获蜂王浆就马上享用是最理想的。为了保证它的纯净度，必须将其置于冰箱储存。如果保持温度在 0℃至 5℃，蜂王浆可以储存几个月。蜂蜜中加入王浆后（每 125 克蜂蜜中加入 3 克蜂王浆），可以储存于冰箱或低于 14℃ 的避光处。按照此方法，它能够储存一年多一点儿，不过随着时间推移，蜂王浆的主要功效也会减弱。

蜂　蜡

蜂蜡在经过重塑之后可以生产出蜡块或一片巢础蜡纸。

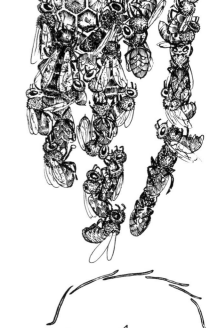

历史小课堂

　　古希腊时期，蜂蜡曾经是一种用于雕塑神像的高级材料，人们还会将蜡板作为写字板。

　　传说伊卡洛斯为了逃离克里特岛的迷宫，便造了一对翅膀，还用蜡将翅膀固定在身上。遗憾的是，因为飞得太高，双翼上的蜡被太阳融化，他最终跌落爱琴海中丧生。

　　很多年后，一些物理学家和哲学家们认为蜡来源于植物。大错特错！经过大量的观察研究，亨特（Hunter）发现了蜡是由蜜蜂制造的。迪谢（Duchet）和胡贝尔（Hubert）也通过观察得出了同样了结论。

11 日龄的工蜂通过它们的蜡腺（A）来生产蜂蜡。由于分泌蜂蜡的这项功能只能持续 10 多天，它们的工作强度很大。

此前，您已经将蜜盖储存在袋子或罐子里。现在是时候把它们派上用场了。

工蜂用它的足来收集腹部分泌出的蜡片，之后再将蜡片传给另一只工蜂。
　　于是，蜂房就这样一点一点搭建起来了。

当我们说到蜡的生产时，通常会想到这是由一个复杂的加工厂完成的。但其实完全不是这样！这种令人惊奇的物质正是我们的蜜蜂朋友制造的。12 日龄的工蜂已经具备了分泌蜂蜡的蜡腺。36℃（平均温度）是分泌蜂蜡的适宜温度。但与此同时，食物也非常重要：蜜蜂们分泌 1 千克蜡需要消耗 7 千克蜂蜜。

如果您收集了很多蜡盖，可以买来一个专门熔化蜂蜡的大锅（蜂具商店里有各种式样的熔蜡锅，包括用电的和燃气的）。而如果蜡盖数量不多，用一个洗衣桶或者类似的容器就可以了。

将容器放在煤气炉上，里面放入蜂巢的碎块、蜡盖，还有水。将水加热到沸腾，使蜡熔化，之后让其冷却。这时，蜂蜡就形成了一个完整的大块。

根据使用方法的不同，蜂蜡熔化的形式分成 A 和 B 两种。如果您使用的是方法 A，就记得在脱模时把上层的杂质刮去。

蜡盖

水

A

蜡盖　　　蜡盖

水　　　水

B

使用不同的模具，您可以制作 250 克、500 克、1 千克和其他尺寸的蜡块。

如果想制作蜡块自用或作为商品出售，就需要将蜡多次熔化，尽可能将里面的杂质清除干净。接着，将它倒入模具，蜂具商店里面可以买到印有漂亮的蜜蜂或蜂房图案的模具。

下面是一种非常受人们喜爱的装饰品：蜡烛。

第一种方法，快速且简单：
在一张蜡纸上放一根烛芯，将蜡纸紧紧卷起。
如果蜡纸过硬，可以将其放在热源上加热一会儿。
第二种方法：取一张硬纸板，中央戳一个孔，将烛芯穿入。
接着把它们一起放入模具中，模具里需要提前抹上油，
这样方便之后脱模。保持灯芯竖直，在模具中
倒入提前用隔水加热的蜂蜡。

这样，这两种式样的蜡烛就完成啦！

蜂蜡还有很多其他用途。人们通过上蜡来维护家具和
木地板，蜂蜡的效果是其他方法无法超越的。打蜡工作
只需要准备松节油和蜂蜡即可。具体的比例要看给什么打蜡。
给木地板上蜡：熔化 500 克蜡，离火后加入 1 升松节油。
把两者充分搅拌，均匀地涂在地板上。待蜡完全干燥以后，
用一块软布抛光表面。之后，您的木地板就会闪闪发亮啦，
不过要小心，地板会很滑！

小心！地很滑……
我以为他只给桌子打了蜡。
哦，我的天哪……

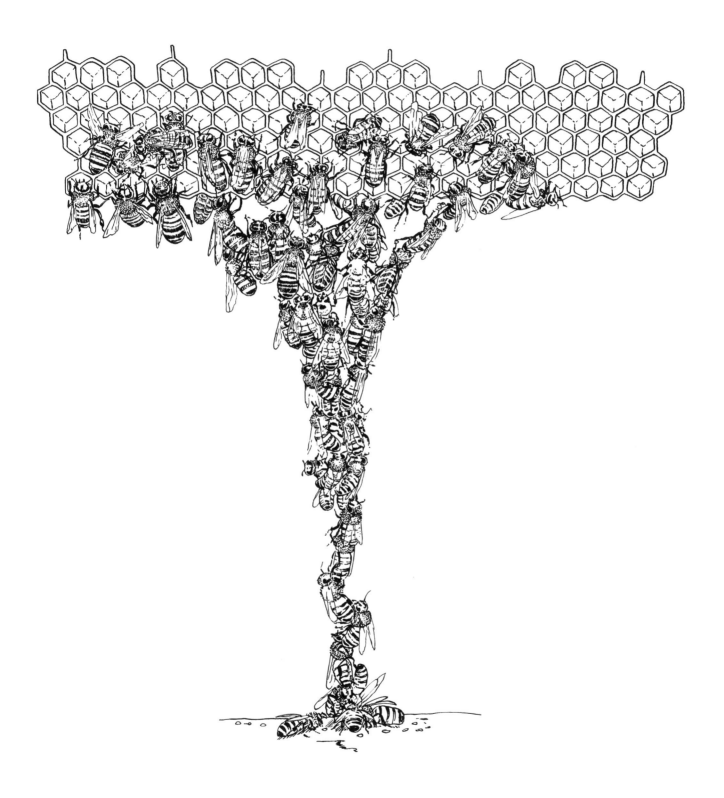

日光晒蜡器

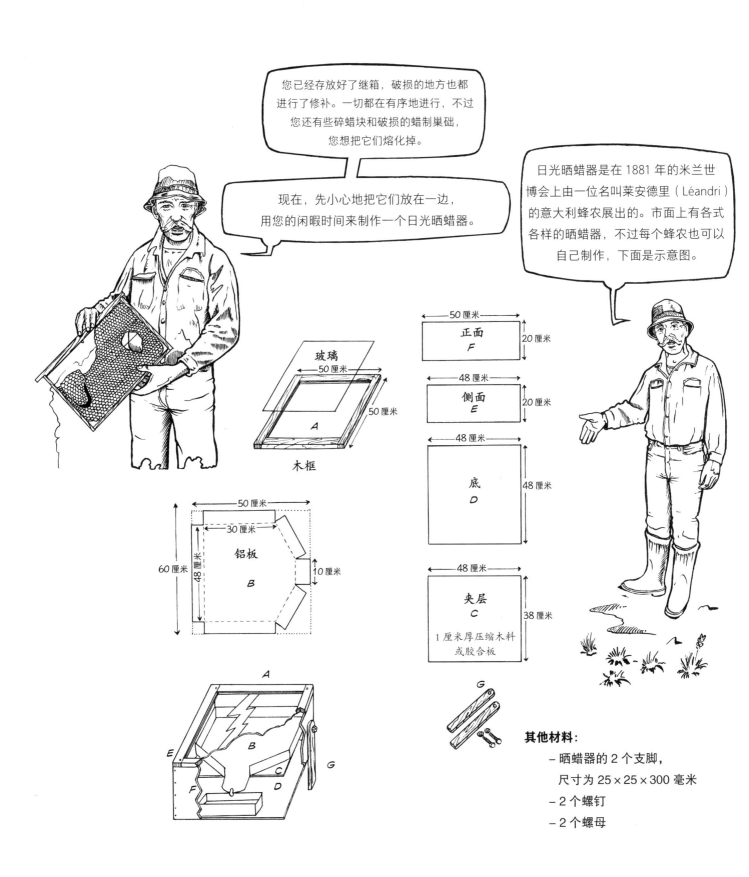

您已经存放好了继箱，破损的地方也都进行了修补。一切都在有序地进行，不过您还有些碎蜡块和破损的蜡制巢础，您想把它们熔化掉。

现在，先小心地把它们放在一边，用您的闲暇时间来制作一个日光晒蜡器。

日光晒蜡器是在 1881 年的米兰世博会上由一位名叫莱安德里（Léandri）的意大利蜂农展出的。市面上有各式各样的晒蜡器，不过每个蜂农也可以自己制作，下面是示意图。

玻璃
50 厘米
50 厘米
木框
A

50 厘米
48 厘米
60 厘米
铝板
B
30 厘米
10 厘米

正面
F
50 厘米
20 厘米

侧面
E
48 厘米
20 厘米

底
D
48 厘米
48 厘米

夹层
C
48 厘米
38 厘米
1 厘米厚压缩木料或胶合板

A
B
C
D
E
F
G

G

其他材料：

－晒蜡器的 2 个支脚，
　尺寸为 25×25×300 毫米

－2 个螺钉

－2 个螺母

蜂 胶

在所有蜂产品中，人们谈论得最少的就是蜂胶了，但是它的重要性却不可忽视。很多蜂农由于不了解蜂胶的价值，没有注意就把它丢掉了。我们中还会有谁没有碰到过这种情况：打开蜂箱时发现副盖粘在了箱体上，粘得那么紧以至于我们都怀疑它被钉子钉死了。尽管无论是对于要进行各项操作的蜂农还是蜂箱的"住户"——蜜蜂来说，这都非常不方便，但我们还是得承认：蜂箱内如果有充足的蜂胶，这是蜂群"状态良好"的标志，同时也非常有利于蜂箱的运输，如果有需要的话。

古埃及人使用蜂胶来给尸体防腐。古罗马人将其用作同样的用途。在过去，人们也用蜂胶混合物来给乐器和其他物品上漆，将它用作植物嫁接的胶合剂，用它来治疗脚上长的鸡眼。农民们都很熟悉它。当牛断了角时，他们会在断角处涂一些蜂胶，伤口愈合的时候就不会出现并发症了。

采集蜂胶要在一天内温度最高的时间段进行。蜜蜂从一些植物的新生芽中采集了树脂类物质并把它们带回蜂箱，之后再注入蜜蜂的腺体分泌物加工制成蜂胶。

A

B

C

我们来观察一下这只蜜蜂（A），它从一棵白杨（桤木、千金榆、栗树等）的芽上采集了树脂，用和采花粉同样的方式将蜂胶收集在它的粉筐里。蜜蜂借助它的下颚和前足采集树脂（B），混合了分泌物后树脂的分量有所减少，之后再被装入粉筐。粉筐装满后，蜜蜂就返回蜂巢。巢内的一只工蜂（C）会帮助它卸下满载的蜂胶，这些蜂胶将被立刻用于修补巢房裂缝或是其他蜂巢的修建工程。

好了！该干活了。

蜜蜂可不仅仅从植物的芽中采集树脂。
证据如下：有一天我刮了刮巢框，把上面的
蜂胶搓成一个个小球，然后把它们
放在了一个空的蜂箱上。

然后，我发现蜜蜂会
过来把这些小球弄散，
再把蜂胶运走。不到两天的
时间，它们就全部运走了！
如果仔细观察，您就能发现，
它们会把遇见的蜂胶都采
集过来（破旧的巢框和
蜂箱、蜂场垃圾，等等）。

过去有人说，蜜蜂会追随它
们已逝主人的棺材，其实这并
不是出于敬爱，而是为了采
集棺材上的脂类物质。

成　分

树脂类物质

蜂蜡

花粉

香脂

多种维生素

抗生物质

亲爱的读者，我身边的两个布告牌
上写着蜂胶的成分和功效。看完这个，
您就不会再惊讶我们为什么要到处
寻觅这种神奇又美妙的物质了！

功　效

愈合伤口

抗细菌

抗病毒

毫无疑问蜂胶具有
很强的抗菌作用。

您可能会觉得，我们最好
还是去采花蜜而不是蜂胶。嗯，
那您就错了，因为蜂胶对于我们的
房子可是有大用处……我们用
它来修补蜂箱的裂缝和破洞、粘连
巢框以及缩小巢门。当蜂巢进了不速
之客时，比如老鼠，我们会用毒针扎
它一下，不出三步它就死了……之后
我们在它的尸体上涂满蜂胶，
以起到防腐作用。

现在来看一下蜂农是怎么采集蜂胶的。
第一种方法是在原本副盖的位置上放一层软塑料网格（蜂具商店有售）。
当每一个网格都填满蜂胶后，将它取出，放入冰箱。第二天将塑料网格
置于一个洁净的台面上，通过卷曲碾压可得到没有杂质的蜂胶。

如何剥离粘在手上的蜂胶？

　　酒精可以有效剥离蜂胶，但是会腐蚀双手。这有一个更温和的解决方法：涂一点葵花籽油揉搓双手，把粘上的蜂胶搓掉。用指甲一点点刮，之后用水和肥皂简单洗净即可。

第二个方法可被称作"刮巢框"，蜂农就是要通过这个动作来完成采集蜂胶的工作。
这种方法并不是没有缺点，因为由此收集到的蜂胶常常带有木屑、蜂蜡以及其他杂质。

对蜂胶售卖的监管是非常严格的。
因此，除非您出售的蜂胶同蜂蜡一样是用于
"维护和保养"的，否则就不能进行售卖。

只有获得授权的实验
室才有资格售卖蜂胶。

那儿有个卖蜂胶的！
看看我们能不能和
他谈生意！

给我！都是
我的！

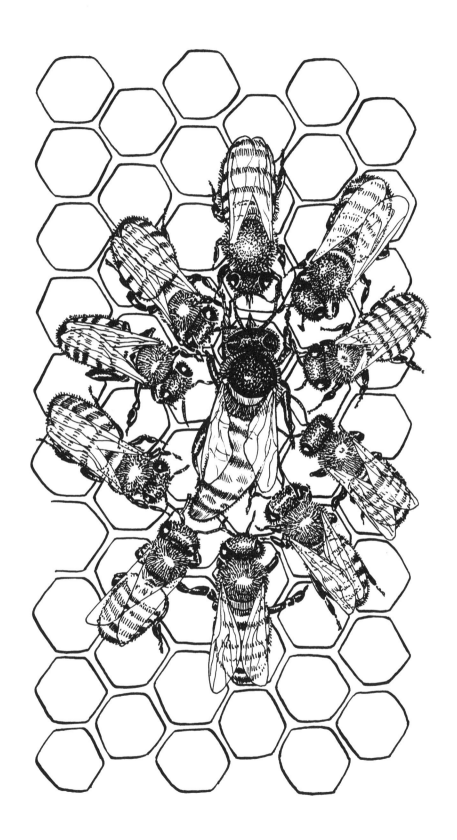

蜜蜂中毒如何处理

每年总会出现相同的场景：蜜蜂们中毒而死，令人痛惜！给农作物（尤其是油菜花、向日葵）打药后，会导致整个蜂场的蜜蜂集体死亡。尽管许多农民都知道蜜蜂对于植物传粉有着重要作用，但并不是所有农民都会因此使用无毒的农药……

或仔细阅读生产商提供的使用方法和剂量说明。的确，有些农民并没有了解正确的信息，但其他了解情况的农民在使用农药产品时则会更加谨慎。此外，农药顾问们也应当对自己推广的产品加深了解。

这天，您像往年的这个时期一样，每周都来查看蜂场，您发现什么了？蜂群都死了，蜂箱底板上布满了蜜蜂的尸体。您不敢相信眼前的一切，但这就是令人心痛的事实。怎么办？什么都别碰，您先回家。

我当时戴了防护装备，他们没害成我！

回到家后，先电话联系您所在区县的相关专业人员，向其说明情况并请他过来查看。如果蜂场几乎所有的蜜蜂都已死亡，还可能需要致电警察请他们来调查现场。

希望您从来没有、未来也不会需要用到以上的步骤，但是，如果真的发生了这样的情况，记得要填写一张卫生服务与保险申报表！

没有什么比亲眼看着自己的财产被毁于一旦更令人痛苦和悲伤的了。看着自己的蜂群一下子少了一半，甚至全部化为乌有，这会造成非常大的精神冲击。对这种灾祸几乎没有预防的方法。因此，每年都要记得向兽医服务中心申报，并购买必要的保险：民事责任、盗窃（越来越频繁）、火灾、蜜蜂死亡（意外中毒或有人故意下毒）。

走吧，走吧，我们要快点了！春天到了，但是要小心，有毒的农药也开始洒了。

蜜蜂常见疾病

蜜蜂的疾病分为不同种类：幼虫病、成蜂病以及幼虫和成蜂都会感染的疾病。这里我们只介绍最常见的几种疾病，但其他疾病也会在蜂场肆虐。

如果一个蜂场里的蜂箱都维护得很好，里面的蜂群也得到了良好的卫生看护，就很少会出现蜜蜂全部染病死亡的情况。

先是我们的天敌，现在又是疾病。下面还会有什么？核战争吗？

好啦，贾斯通，冷静点！

蜜蜂幼虫腐臭病

这种由细菌引起的疾病会对整箱的蜜蜂造成极大的损害，分为美洲幼虫腐臭病和欧洲幼虫腐臭病。

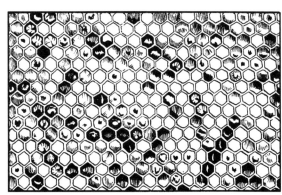

图中蜂巢中的幼虫已经染上了幼虫腐臭病。幼虫处于非正常状态，蜂房下陷或被蚀穿。

美洲幼虫腐臭病，又名"烂子病"，是一种由幼虫芽孢杆菌引起的恶性传染病，幼虫发育的每一阶段都可能会感染。这种病的症状非常明显：幼虫散布在蜂巢里，已经封盖的幼虫蜂房的封盖被蚀穿，或者它们的封盖已经被工蜂破开一部分，工蜂正要把染病的幼虫取出。这些幼虫会散发一种类似强力胶的气味。虫体变得具有黏性，当我们试着挑出幼虫时，虫体会被拉成黏黏的丝状。蜜蜂吸食了被芽孢杆菌孢子侵染的花蜜，就会感染此疾病。

我生病了……

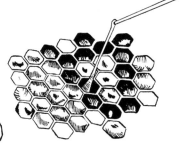

把染病的幼虫从蜂房中取出时，虫体发黏，被拉长。

欧洲幼虫腐臭病则是由一系列细菌引起的，包括：蜂房球菌、
变异型蜜蜂链球菌、蜂房芽孢杆菌、侧芽孢杆菌、欧式芽孢杆菌。
这种疾病在幼虫中肆虐，病虫的虫体由透明渐渐发黄，最终呈灰黑色，
这些虫体不再附着在巢房底，散发出腐臭味。与美洲幼虫腐臭病不同，
患此传染病的幼虫体不能拉成丝状。欧洲幼虫腐臭病
没有美洲幼虫腐臭病那么可怕。

我感觉不太
舒服……

黑蜂病

这种传染病通常是被污染的花蜜或树蜜结合病毒的活动导致的，
这种病毒主要在蜜蜂的肠和神经组织中扩散。常见于春季和夏初蜜源植物充足时，
因此它也被称为"蜜源病"。症状通常表现为蜜蜂身体瘦小，通体发黑，
因神经麻痹身体不断抽搐颤抖，最终导致瘫痪、死亡。对抗这种疾病最简单的
方法是转移蜂箱，以便蜂群找到更好的、未经污染的蜜源。

五月病

事实上，"五月病"并不是一种疾病，而是蜜蜂食用了某些有毒的花蜜和花粉
（毛茛、椴花和栗树花）而引起的自然中毒。通常 15 日龄以下的蜜蜂易中此毒，
因为它们需要吸食大量花粉来给幼虫喂食。中毒蜂在巢门前艰难爬行，失去飞行能力。
同时腹部胀大，装满花粉，最终因腹胀而死。某些蜜源植物的毒性只有当蜂群在可及范围内
找不到其他蜜源时才会致命。其实，这就是一个剂量和花期的问题。例如，如果蜂群在
蒲公英初次开花期间取食了其花粉，那么食用毛茛花粉的毒性就可以忽略不计。
食用这些花粉的蜂群会变得衰弱，但很少全军覆没。

蜂孢子虫病

由一种名为蜜蜂孢子虫（*Nosema apis*）的微孢子虫寄生在蜜蜂中肠所引起的传染疾病。孢子随生病蜜蜂的粪便排出体外，其他蜜蜂接触后便会被传染。该疾病同时也可通过蜂蜜、花粉和蜂蜡传播。如果盗蜂前往染病、衰弱的蜂群盗蜜，就可能造成整个蜂场的蜂群都感染蜂孢子虫病。

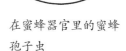

在蜜蜂器官里的蜜蜂孢子虫

这种疾病常见于春季，会造成蜜蜂大量死亡。其外部症状与"五月病"几乎一样（病蜂虫体痉挛，在蜂箱口缓慢爬行），因此两者很容易被混淆。

病蜂的中肠

蜜蜂真菌病

真菌病指由真菌引起的疾病。而蜜蜂真菌性病害中最常见的有两种：黄曲霉病和白垩病。

黄曲霉病是一种由黄曲霉菌（*Aspergillus flavus*）引起的真菌性病，它危害蜜蜂的幼虫和成虫。幼虫患病后，虫体和巢房会长满菌丝，使其僵硬如石。巢框上可以看到已经僵化的幼虫尸体。成年蜂通过食物患病：黄曲霉菌会先侵入其肠道，而后遍布全身。患病后，成蜂不能飞翔，常爬出巢门外死亡。

僵化的幼虫

蜜蜂白垩病是由一种叫作蜜蜂球囊菌（*Ascosphera apis*）的真菌所引起的，这种真菌侵袭蜜蜂幼虫，能致其死亡。染病的幼虫会失水缩小成白色石灰物质，因此这种疾病也被称为"石灰子病"。保持蜂箱良好通风并将其置于充足的阳光下能够有效防治这种疾病。

在这里，我特意没有给出这些疾病的治疗方法，因为相关实验室的研究每年都在更新。如果您有蜂群患上了其中一种疾病，请立即联系地区卫生服务中心，他们的卫生专员将会给出推荐的治疗措施。

寄生虫

我们必须承认，谈论寄生虫让人不太舒服，但是它非常值得引起注意，因为蜂箱内部的环境（温度、湿度、封闭的空间）非常容易滋生寄生虫。寄生虫可以危害幼虫或成蜂，有时甚至会造成整个蜂群死亡。

最为人熟知的寄生虫
（此外还有很多其他寄生虫）

蜂虱　　武氏蜂盾螨　　雅氏瓦螨

蜂虱

蜂虱呈红色，腹部长有三对足，足上长有的小绒毛可以使其敏捷地跟着蜜蜂移动。

蜂虱宽 1 毫米，因此人们凭肉眼就可以看到这种双翅类寄生虫。它通常会附着在工蜂的前胸上，但它最喜欢的寄主是蜂后，一只蜂后身上可能寄生30 多只蜂虱。当蜂虱数量不大时，蜜蜂通常不当回事，因为它们并不会直接损害蜜蜂的健康。蜂虱会吮吸保育蜂喂食幼虫和蜂后所滴落的蜂蜜，进食后又回到寄主身上。

如何消灭寄生虫呢？

这里有个非常简单的方法：在喷烟器中放入一把烟草，在蜂箱底板上插入一块纸板（或用于检测瓦螨的抽板），接着对蜂群喷烟。片刻之后取出硬纸板，上面已经落满了蜂虱，在远离蜂箱的地方将纸板焚烧掉。为确保效果，您也可以几天后重复这一操作。采取过预防瓦螨措施的蜂农，再碰到这种寄生虫的可能性要小很多。

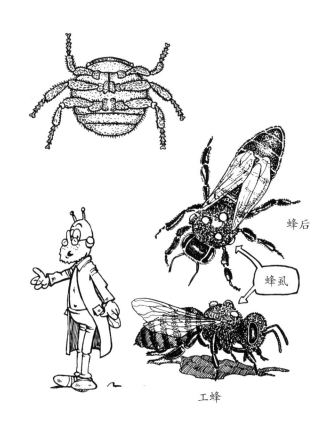

蜂后

蜂虱

工蜂

武氏蜂盾螨

这种螨病最初被称为"怀特岛病"，因为根据 1904 年的几本英国杂志报道，它首次在英国怀特岛被发现。15 年后，一群杰出的研究学者在苏格兰的一个实验室中发现了这种寄生虫病的病因。它由一种肉眼不可见的寄生在蜜蜂气管中的蜱螨引起，会使蜜蜂窒息而亡。

幼虫

雄性

雌性

这种螨病感染 9 至 10 日龄的青年蜜蜂，多发于春季，因此容易与"五月病"混淆。蜱螨侵入蜜蜂的第一对气管并迅速将其刺穿以吸食血液。

武氏蜂盾螨在蜜蜂气管内进行交尾和产卵。一只雌性螨虫大约产 6 个卵，这些虫卵成蛹、发育为成虫，继续繁殖下一代；一个繁殖周期完成只需要 15 至 20 天。因此随着虫螨数量的增加，气管中很快就会塞满它们的排泄物和残渣。最终蜜蜂虫体被吸干，窒息而亡。

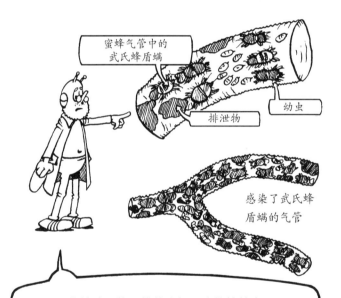

蜜蜂气管中的武氏蜂盾螨

排泄物

幼虫

感染了武氏蜂盾螨的气管

雄性武氏蜂盾螨的腹部要比雌性的小。其腹部长有 4 对足，第一对足长有小钩，第二、三对足生有小吸盘，而第四对足有长绒毛。

春季时，如果发现蜜蜂无法飞行，落在巢门口，就说明蜂群已经感染了螨病。

武氏蜂盾螨常在冬季发展，到了春天便显露种种迹象。您可以在商店里买到多种有效的发烟器来治疗这种疾病。但在采取措施前，请先咨询相关卫生专员。

雅氏瓦螨

雅氏瓦螨起源于亚洲，由爱德华·雅各布森（Edward Jacobson）教授于20世纪初在印尼爪哇岛上发现。这种螨病以转地饲养和寄送蜂后为途径，很快便蔓延到了欧洲、非洲和南美洲。当瓦螨传播到法国的邻国时，没有人把它当回事，因此并没有全面采取预防措施。但当法国四处都出现雅氏瓦螨时，法国的蜂农们纷纷感到非常恐慌，不知道该如何应对才好。工业家们大力推荐"性能良好"、价格也最高的各种用品，而养蜂杂志则介绍着"高效"除螨的其他方法，蜂农们很难在其中做出选择。如今，这种紧张感已经减弱了，人们在蜂具商店里能够买到更为实用、价格也更低廉的除螨用具和药品。现在我们很难给出消灭瓦螨的方法，因为这种疾病在不断地进化。

雅氏瓦螨，肉眼可见，其身长有4对足。雌性个体呈浅红褐色，身长2毫米。雄性瓦螨呈浅黄色、发白，个头比雌性小许多。它们侵入蜜蜂的幼虫和成蜂，吸食其血液。雌螨在子脾封盖前将卵产于蜜蜂幼虫身上，交尾受精也在蜂房内完成。6至7日后，雄性个体孵化完成，雌性则需等待大约8日。当青年蜜蜂破盖而出时，身上很可能已经附着了一个或多个已受精的雌性瓦螨。我们注意到，瓦螨更喜欢寄生在雄蜂幼虫身上。

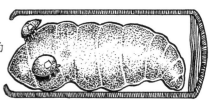

感染了雅氏瓦螨的蜜蜂幼虫。

雌螨在子脾封盖前产卵。

已被瓦螨侵入的雄蜂破盖出房。

雅氏瓦螨非常喜欢我们蜂箱内部的温度，但当温度高于40℃时，它们就会死亡。

简直难以置信！我只是吹干我的头发就把它杀死了。

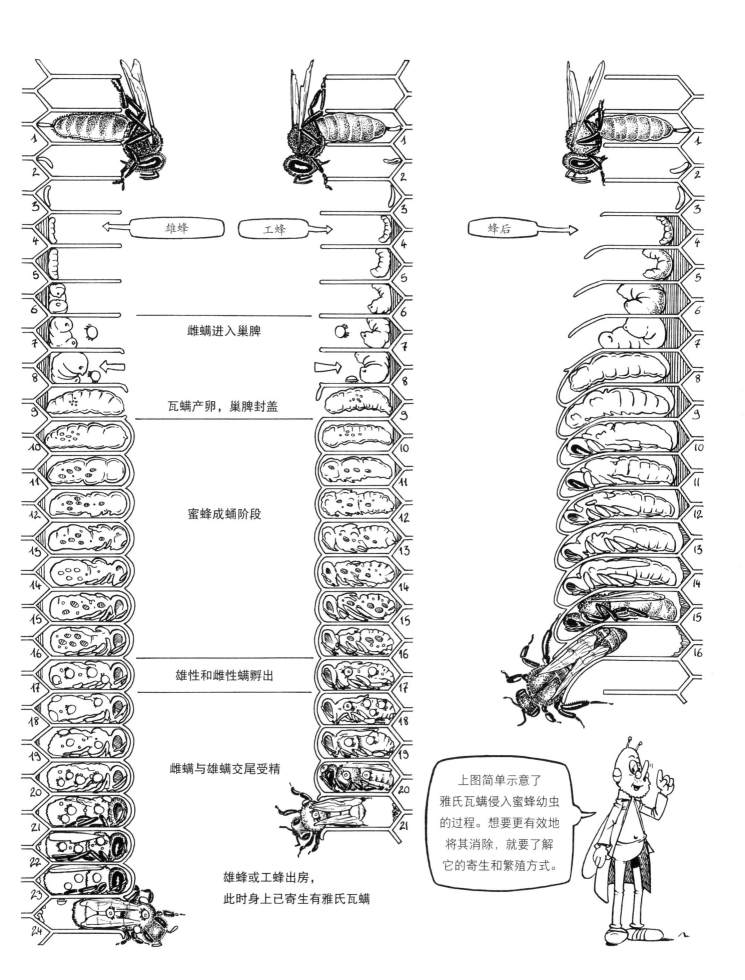

雄蜂

工蜂

蜂后

雌螨进入巢脾

瓦螨产卵，巢脾封盖

蜜蜂成蛹阶段

雄性和雌性螨孵出

雌螨与雄螨交尾受精

雄蜂或工蜂出房，
此时身上已寄生有雅氏瓦螨

上图简单示意了
雅氏瓦螨侵入蜜蜂幼虫
的过程。想要更有效地
将其消除，就要了解
它的寄生和繁殖方式。

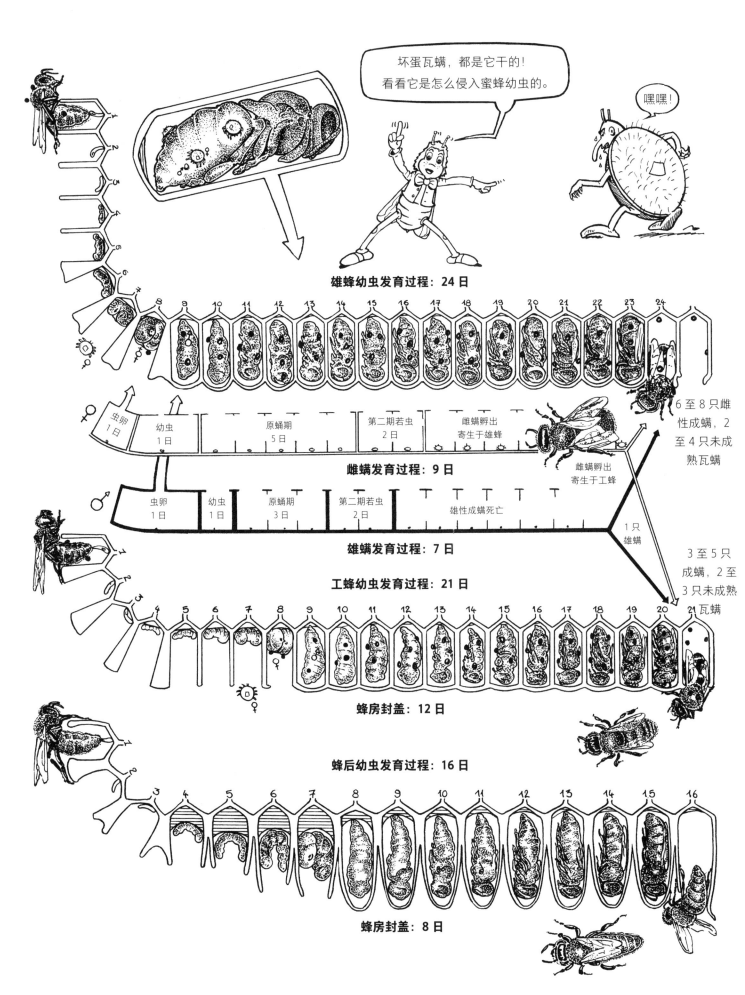

坏蛋瓦螨，都是它干的！
看看它是怎么侵入蜜蜂幼虫的。

嘿嘿！

雄蜂幼虫发育过程：24 日

虫卵 1 日	幼虫 1 日	原蛹期 5 日	第二期若虫 2 日	雌螨孵出 寄生于雄蜂

雌螨发育过程：9 日

雌螨孵出 寄生于工蜂

6 至 8 只雌性成螨，2 至 4 只未成熟瓦螨

虫卵 1 日	幼虫 1 日	原蛹期 3 日	第二期若虫 2 日	雄性成螨死亡

雄螨发育过程：7 日

1 只雄螨

3 至 5 只成螨，2 至 3 只未成熟瓦螨

工蜂幼虫发育过程：21 日

蜂房封盖：12 日

蜂后幼虫发育过程：16 日

蜂房封盖：8 日

蜡螟

如果蜂群死了，蜂箱空置，千万别把蜂箱丢在原地不管，否则它很快就会被蜡螟占领。

雷奥米尔（Réaumur）是最先观察到这一鳞翅目昆虫的伟大昆虫学家之一，蜡螟可分为许多种类。其中我们要介绍的有：大蜡螟和小蜡螟。蜡螟常在傍晚潜入病弱群的蜂巢内，并产卵于含有花粉的巢脾之上，因为蜡螟幼虫需要取食蛋白质来吐丝。

蜡螟幼虫

开口和封闭的蜡螟蛹

一只蜡螟潜入蜂巢就足以造成整个蜂群死亡，因为它的繁殖速度极快，它一次可产卵 200 个。等到下一代出生后，蜂巢里就有了数以千计的蜡螟。而到了第三代，这一数字将增加到 100 万以上。同时我们注意到，雌性蜡螟可以在未受精的情况下产卵。一个病弱的蜂群想要赶走这样的天敌是非常难的，因为蜡螟会咬食巢脾将其蛀成隧道状，并吐丝造巢，而由于这些隧道中有丝，蜜蜂不敢靠近。

检查底箱的巢脾时，如果您发现里面出现了一条条管道，那就是蜡螟蛀食出的隧道了。

蜡螟卵

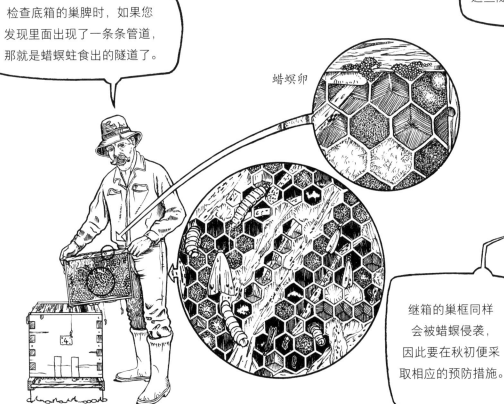

继箱的巢框同样会被蜡螟侵袭，因此要在秋初便采取相应的预防措施。

如果发现蜂箱里有蜡螟，应当立即清理底箱的巢框。用一把割蜜刀仔细清理巢框，每一个可能藏有寄生虫的角落都不能放过。

如果您发现得太迟，蜡螟已经在蜂箱里造巢了，那就只有一个办法了：用火焚烧这些被蜡螟侵蚀的蜂巢，巢框的支架和蜂箱要用一个焊枪来烧。如果蜡螟蛀食了太多的隧道，您可能就不得不把所有巢框都烧掉了。

当您打开箱盖时，如果发现副盖上有只蜡螟，千万别犹豫，打死它！这能为您免去以后的许多麻烦。

防治蜡螟的最好方法就是让您的蜂群保持强盛。无论如何，秋天之后就必须要装上巢门挡了，这样才能防止各种天敌侵入蜂箱。

站住！蜡螟不许进来！快走开。

专业术语表

B

保卫蜂（gardienne）：在经历筑巢蜂阶段后，16 至 20 日龄的蜜蜂，负责看管并守卫蜂巢的入口。

保育蜂（nourrice）：5 至 6 日龄的蜜蜂，它的任务是喂养蜜蜂幼虫。

标记蜂后（marquage des mères）：是否要标记蜂后全由您自己决定（有些蜂农不愿标记蜂后），通常用颜料标记，或是使用圆形贴纸（不同颜色代表不同年份）。标记蜂后的目的是便于快速找出她。

冰糖（candi）：以糖和蜂蜜为原料的固体加工物。它能够刺激蜜蜂们在春季劳作，也能作为秋季储备的过冬粮食。

布尔纳蜂箱（bournas）：用稻草、泥巴甚至树干制成的蜂箱。这一称呼在不同地区也各不相同，如布尔尼（bourgne）、博尔奈（bornais）等。

C

超声波（ultrasons）：蜜蜂翅膀振动发出声波，也是它们相互沟通的方式之一。

巢房（cellule）：也被称为"蜂房"（alvéole）。一块蜂巢上既有工蜂房又有雄蜂房，雄蜂房要大一些。在某些时期（分蜂期），我们能看到一个或几个橡栗形状的王台。

巢框（cadre）：根据所用蜂箱的式样，由不同尺寸的木板条组合而成，配有一根镀锡铁丝，铁丝上固定有巢础蜡纸。人们将巢框放入蜂箱内，同时给蜜蜂留出必要的活动空间。有了这些巢框，蜜蜂们就可以搭建便于拜访的蜂巢了。1849 年的巴黎博览会上，德·波瓦（De Beauvoys）曾经首次展示过它。

巢框线（fil à cadre）：通常以 250 克或 500 克的线卷售卖，有镀锌和镀锡两种，可以水平、垂直或以其他形式固定在巢框上用于支撑巢础蜡纸。

巢门（entrée de vol）：蜂农通过仔细观察巢门口可以了解蜂箱内部的情况，并由此确认是否需要打开蜂箱以更加细致地查看巢框。

巢门挡（réducteur d'entrée）：通常为木制或锌制。它的设计很简单。正如它的名称所示，巢门挡能够缩小巢门，人们在秋天装上它以避免捕食者在冬季入侵蜂巢。

巢脾（brèche）：蜜蜂用蜂蜡修造的巢房，常见于蜂箱里，或野蜂群筑巢的树干上。

成套工具（outillage）：蜂农在查看蜂巢时必不可少的设备，包含喷烟器和燃料、一把起刮刀、一个面罩（用于保护面部）。

翅膀（ailes）：正因为有两对生长于胸部的翅膀，蜜蜂才能飞翔。

触角（antennes）：蜜蜂用于沟通、感知、测量气温和湿度、感受震动的器官。它就是蜜蜂的雷达。

传粉（pollinisation）：将雄蕊的花粉传送给雌蕊。将花粉传给同一朵花的雌蕊是自花传粉，将一朵花的花粉传送给另一朵花的雌蕊则是异花传粉。

唇形科植物（labiées）：这类植物家族庞大，包括薰衣草、迷迭香、牛膝草、鼠尾草、百里香等。蜜蜂采集这些植物的花蜜可以酿出十分优质的蜂蜜。

存蜜桶（maturateur）：此容器的名称容易引起误解[1]，因为当蜂蜜从蜂巢中被提取之后就不会再继续成熟了。因此，它更偏向于是一个澄清器。

D

挡雨板（auvent）：巢门踏板上面的屋檐，具有一定的防水作用。它可以是固定的或可拆卸的。

盗蜜（pillage）：强盛而活跃的蜂群攻击病弱的蜂群，抢夺后者蜂巢里的蜂蜜。

毒液（venin）：由蜜蜂的两个腺体分泌的有毒物质，通过蜜蜂的螫针排出。

F

分蜂群（essaim）：蜜蜂的一个群体，由一个蜂后、1 至 2000 只雄蜂、40 至 60000 只工蜂组成。在树林中漫步时，常能发现将蜂巢搭筑在树干上的分蜂群。

封盖（operculation）：盖在巢脾上的一层蜡质薄膜。蜜盖可以防水，呈白色。子脾封盖可渗水，呈褐色。两种封盖呈现出差异，是因为蜂蜜应当被密封保存，而蜂儿是需要透气的。

蜂孢子虫病（nosémose）：由名为"蜜蜂孢子虫"的寄生虫引起、使蜜蜂成虫腹部肿痛的一种疾病。这种疾病很难诊断，因其症状与"五月病"十分相似。

---

1 "maturateur"一词在法语中有"使……成熟"之意。

蜂场编号（identification du rucher）：大区的兽医服务中心会在您申报蜂箱时授予一个编号，当有传染病时，这一编号能便于卫生专员进行调查。

蜂场间距（distances）：蜂箱与邻居财产之间的间隔距离。该距离需遵守相关规定，各地区有各自不同的法令。如没有相关法令，地方长官有权力规定这一距离。

蜂巢（rayons）：蜂房整体。

蜂颚（mandibules）：蜜蜂的下颚部。

蜂儿（couvain）：蜂巢里蜂后产下的蜂卵和幼虫的总称。

蜂后（reine）：蜂后的作用至关重要，那就是产卵。当一个蜂后不再能完成这一任务时，它将被自然淘汰或人工替换。

蜂胡子（barbe）：春天，由于缺少空气和足够的空间，大量蜜蜂抱团悬吊在巢门外形成的一种现象。

蜂胶（propolis）：蜜蜂从某些新生树芽上采来的一种树脂。蜜蜂用蜂胶堵住蜂巢的裂缝和窟窿。蜂胶在治疗疾病方面的功效很好。

蜂蜡（cire）：约18日龄工蜂的分泌物。工蜂用后足收集其腹部分泌的鳞片状物质，将其咀嚼后吐出，再与"工友们"一同用它来筑造蜂巢。

蜂卵（œuf）：极为微小（长1.5毫米，直径约0.3毫米）。蜂卵被产下时，垂直固定在蜂巢底部，之后它的位置日渐变化。第4天起，我们称它为幼虫。

蜂蜜（miel）：蜜蜂用从蜜源植物的花中采得的花蜜酿造而成的美味物质。

蜂蜜水（hydromel）：一款由蜂蜜制成的美味饮料，尽管很久以前这种饮料比现在更有名，但如今已经没有人宣传它了。蜂蜜水分为商业生产（人造酵母发酵）和家庭自制（根据地区不同，会采用葡萄汁、苹果汁发酵）两种类型，两者的口味不同。

蜂群（colonie）：蜂群由工蜂、雄蜂和一只蜂后组成。一个蜂群平均有：一只蜂后、30至50000只工蜂以及1000至2000只雄蜂。

蜂舌（langue）：如果没有这个器官，蜜蜂要怎么采集花蜜呢？蜂舌的长短决定了它们可以采集花蜜种类的多少。

蜂舌计（glossomètre）：这种仪器很少被提到，它用于测量蜜蜂舌头的长度；某些蜜腺长在较深处的花朵无法被蜜蜂采食，因为蜜蜂的舌头长度不够。

蜂虱（pou des abeilles）：拉丁名为 *Branla cœca*，一种紧紧扣在蜜蜂身上的小型双翅类昆虫。

蜂刷（brosse）：收获蜂蜜时，蜂刷是蜂农的必要工具，以便将巢框上剩余的蜜蜂扫除。软硬适中的蜂刷才能事半功倍。

蜂王浆（gelée royale）：又被称作蜂皇乳，它包含多种蛋白质和脂肪，是供给蜂王幼虫的食物。它的用处不止于此，因为一个人只需摄取极少量的蜂王浆即可享受其功效。

蜂舞（danse des abeilles）：不，不，可别误会了，蜜蜂才不要去舞会呢！这是它们的一种语言："跳舞"能让同伴们知道蜜源的位置。

蜂箱（ruche）：蜂群的栖息地。有两种不同的蜂箱：固定型（蜂笼、树干等）和活框型（达旦、朗氏、沃里诺等）。

蜂箱操作（manipulation des abeilles）：查看一个或多个蜂箱时，首先要保持冷静，使用配备了燃料的喷烟器、穿养蜂防护服装（面罩），尤其注意手法要轻柔。您流露出的一丝紧张感都可能会使得蜜蜂发飙。

蜂箱底座（support）：常常被人们忽视却十分重要的一个部件，因为它能将蜂巢隔离（避免潮湿、捕食者侵袭等）。蜂箱架有许多种类：木制底座、管状支架、轮胎支架、水泥砖支撑，等等。

蜂箱盖（toit）：根据养蜂模式的不同，会有相应的木屋顶式箱盖或平顶箱盖，蜂箱盖可以由多种材料制成（木头或稻草、包铝皮的木板、塑料、锌，等等）。

蜂箱隔板（partition）：巢框大小的活动隔板，由一个小木板制成，用于隔离出蜂箱的一部分。

蜂箱选址（emplacement des ruches）：蜂箱最适宜放置在不潮湿、有树篱遮风、能沐浴晨光的地方，别忘了自然或人工的水源对蜜蜂也是必要的哦。

蜂眼（yeux）：蜜蜂的眼睛由3只单眼和一对复眼构成。

蜂针（dard）：蜜蜂的防御器官。确实，蜜蜂为了赶走敌人，会通过蜂针向对方注入毒液。雄蜂没有蜂针。

副盖（couvre-cadres）：蜂箱的天花板，由木头、塑料或（黄麻）布制成，用于保护巢框。

腹部（abdomen）：蜜蜂身体的后部。工蜂的嗉囊、胃、小肠位于此处，雄蜂和蜂后的生殖器官也位于此处。

G

感官（sens）：蜜蜂拥有的感官包括定位、嗅觉、触觉、视觉和听觉。此外蜜蜂还有着非常优秀的记忆力、超强的方向感和时间观念。

割蜜刀（couteau à désoperculer）：采收蜂蜜时用于切蜜盖的刀。

隔王板（grille à reine）：这层隔板使工蜂能够自由通过，而蜂后的行动则受到限制。如果我们采取预防措施，在继箱和底箱之间放置一块隔王板，蜂后就无法在继箱产卵。

更换蜂后（remérage）：引入一个新蜂后。

工蜂（ouvrières）：工蜂在一个蜂群中占大多数。在蜜蜂的频繁活动期，工蜂寿命大约为 5 至 6 周。

工具（ustensiles）：其中必不可少的包括喷烟器、起刮刀或木凿子。

过冬的饲料（hivernage）：过冬的饲料如果准备得不好，将是灾难性的；为了能使蜂巢抵御寒冬侵袭，蜜蜂的食物要储备充足（这一点有时很难预估，因为暖冬会导致蜜蜂消耗过多的食物）。用于建造蜂箱的木头质量也是过冬顺利与否的关键因素。

过滤筛（passoire / tamis）：提取蜂蜜时，过滤筛是必不可少的，因为它能够去除蜂蜜中的杂质，比如蜂蜡和巢房封盖的残渣，等等。

H

合并蜂群（réunion）：指将两个小型蜂群合并，或将一个失王蜂群与另一个小型蜂群合并。

花粉（pollen）：类似于粉末状的小颗粒，是花的雄性器官，由蜜蜂采集。花粉对工蜂十分重要，也是蜜蜂幼虫必不可少的食物。昆虫，尤其是蜜蜂通过将花粉传送到同一朵或不同花的雌性器官来实现为花朵传粉。

花粉刷（brosse à pollen）：蜜蜂足上用于采集花粉的绒毛。

花蜜（nectar）：由植物的蜜腺分泌的甜液，经蜜蜂采集并转换成为蜂蜜。

怀特岛（île de Wight）：位于英国，1906 年这里出现了螨病。这是一种由螨类寄生于蜜蜂成虫而引起的疾病。

黄麻（jute）：一种粗糙的布料，最初用于制造袋子，但它的用途不仅限于此：蜂农们用黄麻布制成极好的副盖，此外它也被用作燃料。

J

继箱（hausse）：继箱的长、宽尺寸与底箱相同。理论上来说，它的高度应当为底箱高度的二分之一（但这取决于选用的是哪种蜂箱）。当蜜源丰富、蜜蜂多到几乎满箱时就需要叠加继箱了。

剪翅（clippage）：剪去蜂后一侧或两侧的翅膀以防蜂群跟随蜂后飞逃。

结晶（granulation）：蜂蜜放置后出现结成固体小颗粒的现象，不是所有的蜂蜜都会结晶，如椴花蜜和洋槐蜜就不会结晶。

精选（sélection）：蜂农通过精挑细选能够得到近乎"完美"的蜂群，即蜂巢里的蜂后们生殖力很强，蜜蜂们温和又勤劳。

K

叩击（tapotement）：指拍打蜂箱或蜂笼的外壁，目的是让蜂群上升到另一个蜂箱或盒子里，以便获得一个分蜂群。

狂热（ivresse）：这一词可以用来形容采集了充足花蜜（比如油菜花蜜）后的蜜蜂。

L

蜡螟（fausse teigne）：一种鳞翅目昆虫。这种小飞蛾的入侵能对蜂巢造成巨大的破坏。倘若没有做好所有必要的预防措施，蜂农放置的继箱也可能被这蜜蜂的天敌入侵。

蜡碗（cupule）：人造蜂房，有塑料或蜡制的。

流动的（pastorale）：这一词用于形容养蜂业或蜂箱。前者指，由于不同地区的开花期不同而不得不转移蜂箱；后者指，为了让蜂箱便于转移而对其进行改造。

M

螨病（acariose）：由名为"武氏蜂盾螨"的微小螨虫引起的一种疾病。这种螨虫攻击并寄生在蜜蜂的气管内。

蜜格（section）：塑料或木制的小格子，没有底也没有盖子。人们将它放在蜂箱里来收割一块块小蜜脾。这种形式的蜜脾非常诱人，是十分令人心动的送礼佳品。

蜜腺（nectaire）：一种腺体，存在于某些分泌花蜜的植物身上。

面罩（voile）：对蜂农非常有用的一个工具，它能保护面部不受蜜蜂刺蜇。

木蜂（xylocope）：蜜蜂科膜翅目，别名又叫"木匠蜂"，因为它们在木头中筑巢。

N

纳氏腺（glande de Nasanoff）：又称"臭腺"，位于蜜蜂腹部上侧，一种散发气味的器官。散发出的气味是一种信息素，蜜蜂间凭此进行交流。

P

喷烟（fumée）：蜂农会在打开蜂箱前先向里面喷一点烟，以镇静蜜蜂。黄麻布、木屑和枯叶都可作燃料。一定要保证喷出的是冷烟，即白烟。

喷烟器（enfumoir）：可能也被称作"少不得"，因为用得好的话，这就是蜂农必不可少的一个工具。喷烟器喷出的烟应当是冷的，呈白色，因此要注意挑选所使用的燃料。

偏航（dérive）：即使蜜蜂的方向感很好，它们也会在抵达蜂场后进错蜂箱，尤其是当其他蜂箱摆在错误的地方时。

Q

起飞口（trou de vol）：也叫作"巢门"。位于蜂箱底部，蜜蜂由此进出蜂箱。蜂农如果知道如何观察这个小口，就可以了解蜂群是否处于健康状态。

起刮刀（lève-cadre）：蜂农必不可少的工具，有多种款式：如配有钩子的起刮刀和巢框夹，此外，木凿子也是很好的工具。起刮刀用于揭开继箱以及取出巢框以便于检查蜂箱。

切蜜盖（désoperculation）：蜂农为了取出蜂蜜，要割掉蜜蜂筑成的那层薄薄的蜜脾蜡盖。

R

日光晒蜡器（cérificateur solaire）：配有玻璃窗的箱子，能让蜂蜡缓慢熔化。

熔蜡器（fondoir d'opercules）：目的是要将蜂蜜与蜡盖分离。隔水蒸锅能使蜂蜜保持温热，密度较小的蜂蜡会漂浮起来并且熔化。配有的不同出口能够确保分别提取蜂蜜与蜂蜡。

S

申报蜂箱（déclaration des ruches）：所有蜂农必须在每年12月31日之前，在就近的大区兽医服务中心办理这项手续。蜂农们不应该觉得这项手续是一种约束，因为这是必要的，比如要预防传染疾病。

失王（orphelinage）：指一个蜂巢里失去了蜂王。蜂农应当在每年春天最初几次查看蜂箱时进行确认。失王的原因有很多种，可能是蜂农在某次查看蜂巢时将其压死了，也可能是死于寒冬、年老，等等。

湿度（humidité）：蜜蜂都聚集在蜂箱内部，势必造成湿度过大，蜂农会在巢框顶上覆盖一层遮挡物（黄麻布）来吸收多余的水蒸气。湿度过大会对蜜蜂造成极大的损害。

食蜂昆虫（apivore）：捕食蜜蜂的昆虫。

树蜜（miellat）：由蚜虫分泌或一些植物渗出的甜液，随后再被蜜蜂采集。

饲喂器（nourrisseur）：它的作用显然是为蜜蜂提供食物（补给型食物或促进它们工作的食物）。市面上有很多式样的饲喂器，喜欢手工制作的人也可以有多样化的选择。

饲养（élevage）：通过饲养蜂后，蜂农可以进行优选，替换掉年老的蜂后或为失王的蜂群重新找一个蜂后。这一步骤要求蜂农对蜜蜂非常了解。

嗉囊（jabot）：蜜蜂输送营养和加工食物的器官，又称"蜜囊"。它的功能十分惊人：蜜蜂采集花蜜后会贮存在嗉囊里，花蜜在咽部和嗉囊间被来回推动，与酶混合后被转化为蜂蜜，蜜蜂再将蜂蜜吐入蜂房中。但花蜜也同样可能被蜜蜂吸收以满足自身的需要。

T

糖（sucre）：尽管比起糖，通常我们更推荐人们食用蜂蜜，但也别小看了糖，因为它是生产糖浆和冰糖必不可少的原料。

调节巢温的工蜂（ventileuse）：这种工蜂在蜂巢入口和蜂巢内部振翅，扇动微风以降低蜂巢温度和湿度，并保证良好通风。

通风（aération）：对于蜜蜂来说，无论是在炎热的夏季还是在冬季，通风都十分重要。在冬季不要把蜂巢的缝隙堵得太死，但要防止捕食性动物（老鼠、田鼠等）进入。

脱蜂器（chasse-abeilles）：置于蜂箱的继箱和底箱之间的一种装置，使蜜蜂单向进入底箱，无法返回继箱，此装置是为了方便蜂农采集蜂蜜。

W

瓦螨病（varroase）：由雅式瓦螨引起的寄生虫病，雅式瓦螨会攻击各个成长阶段的蜜蜂。对于蜂农来说，这种寄生虫实在是令人讨厌的家伙。

外勤蜂（butineuse）：蜜蜂的一生会经历几个阶段，在出生后接近第 21 天时，它们会外出采花蜜，这就是这一名称的由来。

王笼（cage à reine）：有网纱的小盒子，能够用于安全地转移蜂后，也用于引入蜂后。

围攻蜂后（emballement des reines）：蜂群疯狂围攻蜂后，甚至致其死亡。该情况尤其常见于引入蜂后时。

喂食（nourrissement）：有两种情况需要喂食——为好好过冬，以及初春时为促进蜂后产卵。

喂水器（abreuvoir）：即使该词不专属于养蜂领域，这个工具也是非常重要的。它是指一个大的蓄水容器，里面装满了水，水面上有一些小树枝或者其他小的漂浮物（为了防止蜜蜂溺水）。每个蜂场里都有这种蓄水容器，目的是为蜜蜂提供必需的水源。稍微发挥一下想象力，就能创作出各种各样的为蜜蜂提供饮水源的方式。

温度（température）：温度的变化对于蜜蜂的活动和工作有重要影响。最适宜蜜蜂活动的温度大约为：蜂箱外部 25℃，内部 36℃。温度对于蜂后产卵和蜂儿的孵化也都有影响。

温度计（thermomètre）：如果你要制作冰糖，那么一个刻度在 -10℃ 到 120℃ 之间的烘焙温度计是必需的。

5 月病（mal de mai）：很不幸，正如它的名称所示，这是一种疾病。这种成年蜜蜂疾病的症状很不明显。当不确定蜜蜂是否感染了疾病时，最好的方法就是报告地区卫生专员。

X

腺体（glandes）：蜜蜂的三种主要腺体是唾液腺、蜡腺和毒腺。正如它们的名字所示，每种腺体都有特定的作用。

小型蜂箱（ruchette）：一种迷你蜂箱，包含 5 个巢框，用于暂时容纳一个分蜂群。此外，也有饲养用小蜂箱和受精用小蜂箱。

锌（zinc）：用于制作许多养蜂工具（隔王板、巢门挡等）的金属，但趋向于被其他材料如塑料取代。

信息素（phéromones）：便于昆虫间交流的一种挥发性物质，蜜蜂通过纳氏腺分泌信息素。这是蜜蜂的身份证。

雄蜂（abeillaud）：也被称作"假管风琴"（faux bourdons），其振翅的声音与管风琴的低音相似，体型明显比工蜂大，它们的主要任务是为蜂后受精。每年夏末，工蜂会将它们驱逐出巢。

嗅觉（odorat）：蜜蜂最发达的感官功能。通过查看蜂箱我们能感受到这点：由出汗过多而产生的难闻气味或香水味都会激怒蜜蜂，使其变得具有攻击性。

Y

压模器（gaufrier）：压制巢础蜡纸的金属仪器。

养蜂场（rucher）：所有蜂箱的总和。养蜂场的位置对于保证蜂群的正常活动至关重要。

摇蜜机（extracteur）：蜂农用来提取巢脾中蜂蜜的手动或机动的仪器，分为不同种类，如弦形立式摇蜜机和辐射形立式摇蜜机。

移虫针（picking）：用于养殖蜂后的小工具。它的一端呈勺子形状，用于提取蜂王浆，用另一端的小钩子能拿起幼虫，并将它们小心翼翼地放于蜡碗底部。

益处（utilité）：蜜蜂造福了所有人。有了蜜蜂，种植驴食草、向日葵、苜蓿、油菜等作物的农民会发现收成显著增加了。蜂蜜的收成很好，蜂农们也十分满意，而消费者也能享用到优质的蜂蜜。

意大利蜂（Italienne）：和这种蜜蜂"共事"十分舒心。由意蜂和黑蜂交配所得的蜂种具有较大的攻击性。

引入蜂后（introduction d'une mère）：当原有的蜂后过于年老，或蜂群失王时，必须要引入一个新的蜂后。有几个可行的方法，其中最常用的可能是借助王笼，不过要选择哪种方法，唯一的评判标准就是您的经验。

幼虫（larve）：指由蜂卵孵化而成，约4日龄的虫体。工蜂幼虫在孵化后的头3天食用蜂王浆，自第4天起被保育蜂饲喂花蜜和花粉混合的食物。

幼虫腐臭病（loque）：又称"烂子病"，一种由微生物引起的能导致幼虫腐烂的传染疾病。共有两种类型：欧洲幼虫腐臭病和美洲幼虫腐臭病。

诱饵（amorce）：固定好的一长条巢础纸，把它插入巢框槽中，然后浇注一条蜡线将它固定住。

语言（langage）：这一个词用于蜜蜂身上可能有些令人意外，然而蜂巢内部有条不紊的运行靠的都是蜜蜂间的交流。这种交流方式可能是特殊的飞舞，也可能是发出人耳无法捕捉的声音，但是这些都是属于蜜蜂自己的语言。

育王群（nucléus）：专门负责喂养蜂后们的小型蜂群。

Z

赭带鬼脸天蛾（sphinx atropos）：也称"骷髅天蛾"，一种大型夜行蛾类，会侵入蜂巢取食蜂蜜。

蔗糖（saccharose）：糖的化学名称。蜜蜂所采集的花蜜含有极少量的蔗糖。生长在平原地区的花朵的花蜜中蔗糖含量较高，而山区的花蜜中蔗糖含量较低。

治疗措施（traitement）：在采取一切治疗措施之前，请咨询地区卫生专员，他会提供相应的建议。

筑巢蜂（cirière）：经历保育蜂阶段之后，14日龄的工蜂成为了筑巢蜂。

转地饲养（transhumance）：指将蜂箱转移到蜜源植物丰富的地区。蜂农采取这一措施能够在一年内多次收获蜂蜜。

转移蜜蜂（transvasement）：当蜂农想要给蜜蜂提供更舒服的居住条件时，会采用这种办法。一个固定蜂箱（树干、蜂笼等）中的全部内容（蜜脾、子脾和巢脾）被转移到一个活框蜂箱中。转移的方法有很多种。

紫外线（ultraviolet）：紫外线是蓝绿光的互补色，蜜蜂能够看见紫外线。

相关人物

阿里斯蒂布·阿尔方戴利（Aristippe ALPHANDÉRY, 1832—1889）：《园艺爱好者》（*L'Amateur de l'horticulture*）及许多植物学著作的作者。

阿林·卡亚（Alin CAILLAS, 1887—1994）：编著一系列普及养蜂知识的图书，其在蜂蜜成分领域的研究十分广泛。

埃米尔·安热洛-尼库（Émile ANGELLOZ-NICOUD, 1885—1932）：他是一位十分优秀的研究员，曾编写了一部研究蜜蜂疾病的图书。

爱德华·贝特朗（Édouard BERTRAND, 1832—1917）：他在养蜂领域的成就无疑是数一数二的。在您的书架上，一定要收藏他的图书《蜂场管理》（*La Conduite du rucher*）。

爱德蒙·阿尔方戴利（Edmond ALPHANDÉRY, 1870—1941）：阿里斯蒂布·阿尔方戴利的儿子，《养蜂百科全书》（*Encyclopédie apicole*）的作者。

奥迪贝尔（Audibert, 1896—1936）：奥迪贝尔博士是一位使用朗氏蜂箱的先驱和传播者。他普及了许多不同的知识。著有图书《更多的蜂蜜》（*Plus de miel*），为提高蜂蜜的质量做出了贡献。

弗朗索瓦·于贝（François HUBER, 1750—1831）：这位杰出的学者 15 岁就失明了，他在蜜蜂行为领域做出了重大发现。他的妻子玛丽-艾梅·吕兰（Marie-Aimée Lullin）和忠实的仆人比尔南（Burnens）为他的研究提供了帮助。

加斯东·博尼耶（Gaston BONNIER, 1853—1922）：他是一位伟大的植物学家，曾任索邦大学植物学教授，法兰西科学院成员，与乔治·德·拉杨共同著有《养蜂全课》（*Cours complet d'apiculture*），其作品还包括：《全新植物志》（*Nouvelle flore*）和《植物志全解插图本》（*La Flore complète illustrée*）。

卡尔·冯·弗里施（Karl von FRISCH, 1886—1982）：著有《蜜蜂的生活与习性》（*Vie et moeurs des abeilles*），通过细致地观察，他对蜜蜂的"舞蹈"做出了关键性的解读。

卡尔·林奈（Carl LINNÉ, 1707—1778）：瑞典著名博物学家，因其对植物分类的研究以及大量关于植物学的作品而闻名。

列奥谬尔（René-Antoine Ferchault de RÉAUMUR, 1683—1757）：著名数学家、科学家。他著有大量图书，尤其是关于植物学和自然历史领域的。他发明的"列氏温标"正是以他的名字命名。

洛伦佐·朗斯特罗思（Lorenzo LANGSTROTH, 1810—1895）：曾任教师，后成为牧师。他对于养蜂的兴趣是从退休（由于健康问题）之后开始的。他的研究和发明革新了养蜂界。现如今还有谁不知道著名的朗氏蜂箱？

摩西·昆比（Moses QUIMBY, 1810—1875）：美国养蜂人。他发明了一种以他的名字命名的蜂箱，样式与"朗氏蜂箱"相似，巢框的尺寸为长 46 厘米，宽 27 厘米。他也是蜂箱隔板的发明者。同时别忘了，喷烟器也是他在逝世前不久发明的。

莫里斯·梅特林克（Maurice MAETERLINCK, 1862—1949）：这位作家在其著作《蜜蜂的生活》（*La Vie des abeilles*）中显示出了他的才华、科学启发和哲学思考。这本书应当出现在您书架的醒目位置上。

乔治·德·拉杨（Georges De LAYENS, 1834—1897）：在参加了位于卢森堡公园的一次养蜂会议之后，他决定从事养蜂研究。他所著的图书体现了他向公众普及养蜂知识的决心。他与加斯东·博尼耶合著的一系列图书是每个养蜂人都应当阅读的书籍。

让·巴蒂斯特·沃里诺（Jean-Baptiste VOIRNOT, 1844—1900）：这位神甫以其编著的养蜂类书籍和发明的立方体蜂箱而闻名。

圣安布罗斯（Saint Ambroise）：养蜂人的守护神。

圣希尔德加德（Sainte Hildegarde）：植物学者们的守护神。

夏尔·达旦（Charles DADANT, 1817—1902）：他很早就开始研究养蜂，经他改造的蜂箱，性能被明显提升。他著有许多优质的、具有实用价值的图书。

约翰·布拉特（Johann BLATT）：瑞士养蜂人，他改变了巢框的尺寸，这就是"达旦布拉特"式（Dadant-Blatt）蜂箱的由来。

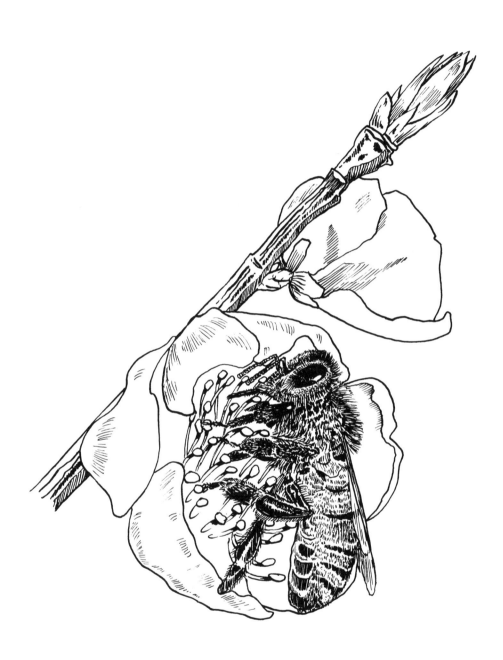

图书在版编目（CIP）数据

养蜂的秘密 / (法) 伊夫·居斯坦编绘 ; 竹珺译
. -- 杭州：浙江教育出版社，2020.2
ISBN 978-7-5536-9783-3

Ⅰ.①养… Ⅱ.①伊… ②竹… Ⅲ.①养蜂—手册
Ⅳ.①S89-62

中国版本图书馆CIP数据核字(2019)第288341号

引进版图书合同登记号　浙江省版权局图字：11-2019-245

L'apiculture en bande dessinée
Author : Yves Gustin
© First published in French by Rustica, Paris, France – 2017
Simplified Chinese translation rights arranged through Divas International
All rights reserved.
Simplified Chinese translation edition published by Ginkgo (Beijing) Book Co., Ltd
本书中文简体版权归属于银杏树下（北京）图书有限责任公司。

养蜂的秘密

[法] 伊夫·居斯坦 编绘　竹珺 译　后浪漫 校

筹划出版：**后浪出版公司**　　　　　　　出版统筹：吴兴元
责任编辑：江雷　王晨儿　　　　　　　　特约编辑：蒋潇潇
美术编辑：韩波　　　　　　　　　　　　责任校对：余理阳
责任印务：曹雨辰　　　　　　　　　　　装帧制作：墨白空间·李易
营销推广：ONEBOOK
出版发行：浙江教育出版社（杭州市天目山路40号 邮编：310013）
印刷装订：北京盛通印刷股份有限公司
开本：889mm×1194mm 1/16　　　印张：14　　　字数：280 000
版次：2020年2月第1版　　　　　印次：2020年2月第1次印刷
标准书号：ISBN 978-7-5536-9783-3
定价：80.00元

读者服务：reader@hinabook.com 188-1142-1266
投稿服务：onebook@hinabook.com 133-6631-2326
直销服务：buy@hinabook.com 133-6657-3072

后浪出版咨询(北京)有限责任公司
常年法律顾问:北京大成律师事务所　周天晖 copyright@hinabook.com
未经许可,不得以任何方式复制或抄袭本书部分或全部内容
版权所有,侵权必究
本书若有印装质量问题,请与本公司图书销售中心联系调换。电话:010-64010019

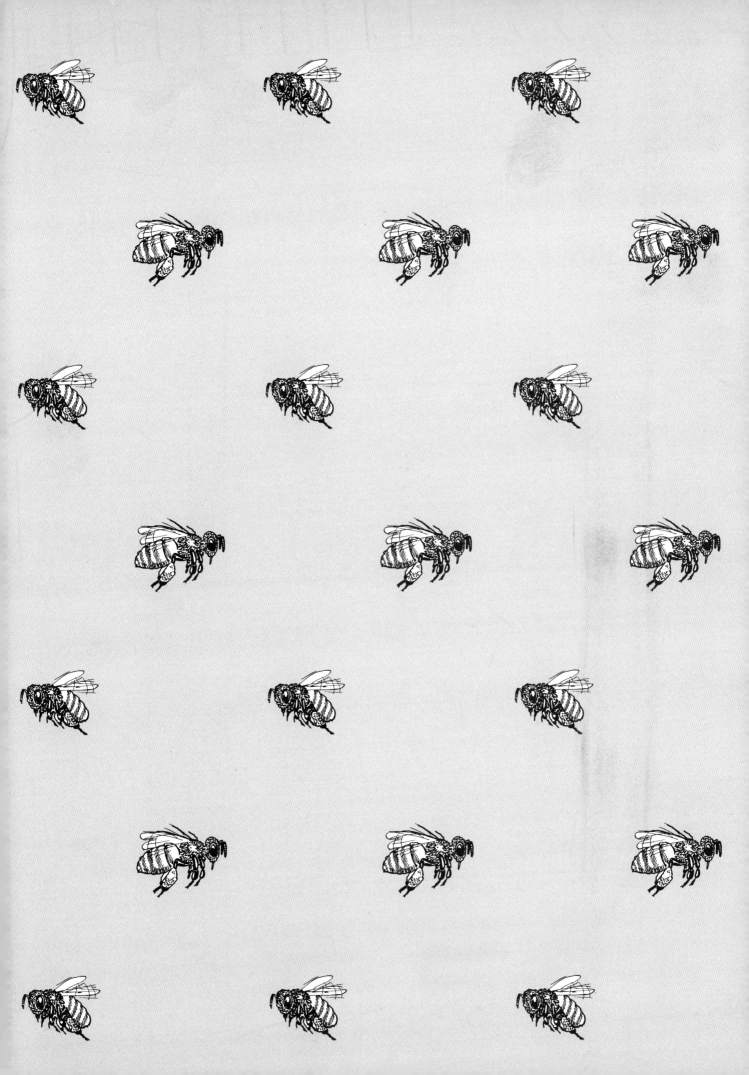